释放
ChatGPT 的
力量

A REAL WORLD
BUSINESS APPLICATIONS

真实世界的
商业应用

UNLEASHING
THE POWER OF
ChatGPT

【印】查尔斯·瓦格马尔 / 著
王进喜　汪政 / 译

華中科技大學出版社
http://press.hust.edu.cn
中国·武汉

图书在版编目（CIP）数据

释放ChatGPT的力量：真实世界的商业应用/（印）查尔斯·瓦格马尔著；王进喜，汪政译. —武汉：华中科技大学出版社，2025.3. —ISBN 978-7-5772-1568-6

Ⅰ.TP18

中国国家版本馆CIP数据核字第2025RT9249号

First published in English under the title
Unleashing The Power of ChatGPT: A Real World Business Applications, edition: 1
by Charles Waghmare
Copyright © Charles Waghmare, 2023
This edition has been translated and published under licence from
APress Media, LLC, part of Springer Nature.

湖北省版权局著作权合同登记　图字：17-2024-079号

释放ChatGPT的力量：真实世界的商业应用　　［印］查尔斯·瓦格马尔 著
Shifang ChatGPT de Liliang: Zhenshi Shijie de Shangye Yingyong　　王进喜　汪政 译

策划编辑：	郭善珊　田兆麟
责任编辑：	田兆麟
封面设计：	沈仙卫
责任校对：	张　丛
责任监印：	朱　玢

出版发行：华中科技大学出版社（中国·武汉）　电话：（027）81321913
　　　　　武汉市东湖新技术开发区华工科技园　邮编：430223

录　　排：九章文化
印　　刷：湖北恒泰印务有限公司
开　　本：880mm×1230mm　1/32
印　　张：6.5
字　　数：112千字
版　　次：2025年3月第1版第1次印刷
定　　价：88.00元

本书若有印装质量问题，请向出版社营销中心调换
全国免费服务热线：400-6679-118　竭诚为您服务
版权所有　侵权必究

这本书是在我最亲爱的母亲——卡玛拉·大卫·瓦格马尔夫人——去世几天后写的。谨以此书献给她和我的父亲大卫·杰努·瓦格马尔先生,他们为我的职业生涯奠定了基础。没有他们,我什么都不是。我感谢我最好的爸爸妈妈。

谨以此书献给我的爱妻普莉亚·瓦格马尔女士,感谢她的爱、鼓励和关怀。

| 译 序 |

当下,一种全新的科技力量正在崛起,以前所未有的速度、深度和广度改变着人类的方方面面,这就是人工智能。这种力量的一个重要组成部分,由OpenAI开发的自然语言处理模型——ChatGPT,是人工智能中的佼佼者,受到前所未有的关注,有着不可限量的应用前景。长期以来,法律行业错过了历次技术革命,法律实务状态与200年前几乎无二。作为以信息为基础的行业,法律行业,特别是其中的律师行业,没有任何理由回避人工智能,也完全不可能摆脱人工智能的影响。作为一位长期关注科技在法律实务中的应用和融合趋势的研究者,我深感有必要将ChatGPT所能带来的各种革命性、颠覆性影响介绍给广大法律行业从业者,揭示该技术背后蕴含的巨大潜力,并将它与法律实务相结合,为委托人提供更高效、更具响应性、更具费效比的法律服务,也为委托人工作和生活的平衡带来新的驱动力。

本书旨在通过一系列生动的案例和深入的分析，展示ChatGPT如何在不同行业中发挥关键作用，从而推动企业创新、提升效率并创造新的价值。从客户服务到市场营销，从数据分析到内容创作，ChatGPT的应用范围之广令人惊叹。它不仅能够模拟人类的对话方式，还能根据上下文语境提供高度相关且有用的信息，这使得它在许多场景中比传统的自动化工具更具优势。

此外，本书还探讨了ChatGPT对就业市场的影响以及它所带来的伦理挑战。随着技术的不断进步，我们必须正视这些挑战，并寻找平衡发展的途径。在这个过程中，政策制定者、企业家和技术专家需要共同努力，确保这项技术能够造福社会而不是造成伤害。

值得一提的是，本书的翻译工作由我和我的博士生汪政律师共同完成。汪政律师长期致力于科技在律师实务工作中的应用，对法律科技的效用有着超强敏感性。他对包括ChatGPT在内的法律科技的研究和应用经验、他的专业知识和严谨态度保证了本书的质量。

总之，我希望这本书能够让读者了解ChatGPT及其在商业领域的应用，并鼓励大家思考如何利用这项技术来助推自己的事业发展。人工智能应用的脚步才刚刚开始，人们对人工智能所带来的挑战和机遇的认识也才刚刚开始，人们对更美好生活的憧憬也会转化为对更强人工智能的更为强烈的期盼。我们理解、见证并参与这场由人工智能引领的全面变革，也许是一种使命和机遇！

王进喜

于美国加州大学戴维斯分校法学院

2024年11月

| 推荐序 |

在这个信息爆炸的时代,人工智能技术正以前所未有的速度改变着我们的世界。它不仅在科学与工程领域取得了突破性的进展,而且逐渐渗透到商业的每一个角落,成为推动企业创新和转型的重要力量。《释放ChatGPT的力量:真实世界的商业应用》一书正是在这样的背景下应运而生。它旨在探索如何将人工智能技术——特别是以ChatGPT为代表的生成式大语言模型——转化为现实世界中的商业价值。

本书的翻译工作由两位在法律科技领域享有盛誉的专家——泰杭律师事务所的汪政主任与其博士生导师中国政法大学的王进喜教授联袂完成。汪政主任以其对全球技术发展动态的敏锐洞察,特别是在技术与法律实践深度融合方面的深刻理解,为本书注入了独特的国际视角和实务见解。而王进喜教授则在国内外法学研究及将技术应用于法律教育方面处于领先地位,为本书提供了坚实的学术基础。两人凭借丰富的行业经验和深厚的法律科技知识，不仅确保了译作的精准度和专业性，还为中文读者打开了一扇通往法律科技最前沿的窗户。

本书不仅深入剖析了ChatGPT的核心技术基础，还通过一系列鲜活的实例展示了技术如何在各行各业中发挥着越来越重要的作用，从客户服务到市场营销，从人力资源管理到产品开发，无处不在。这些技术不仅能够大幅度提升工作效率，减少成本支出，更关键的是，它们使企业能够更加精准地洞察客户需求，优化用户交互体验，进而构建起更加稳定和长远的客户关系。

然而，正如书中所指出的那样，伴随这些令人兴奋的可能性而来的还有诸多挑战与责任。如何确保AI系统的决策透明度？怎样避免算法偏见导致的不公平现象？最重要的是，怎样构建一个既高效又负责任的技术生态系统？这些问题都需要我们在追求技术创新的同时给予足够的重视。

总之，本书不仅仅是一本介绍技术原理的手册，更是一部深入探讨如何让这些先进技术服务于企业和个人的作品，不仅可以为企业家们提供宝贵的指导，也为所有关心科技进步及其社会影响的人士打开了一扇窗。我相信，在不久的将来，我们将看到越来越多基于此类技术的成功故事在中国乃至全世界范围内上演。让我们一起迎接这个充满无限可能的新时代吧！

孙常龙

于阿里巴巴通义实验室

2024 年 11 月

目 录

第 1 章　ChatGPT简介　001

人工智能简介　002

人工智能聊天机器人对话在商业中的意义　007

ChatGPT简介　010

ChatGPT在商业中的实际用例　021

小结　028

第 2 章　了解ChatGPT的底层技术　029

导言　031

用于机器学习的ChatGPT　031

弱人工智能和强人工智能　035

ChatGPT在自然语言处理中的应用　037

ChatGPT的技术架构　048

小结　051

第 3 章 ChatGPT的实际应用　053

软件开发　055

客户支持　058

人力资源运营　061

旅游和旅游业　063

运营　066

营销　069

销售　073

内容创建　076

翻译　078

小结　080

第 4 章 使用ChatGPT加强商业交流　081

释放效率和生产力　083

自动化交流　087

ChatGPT的技术发展　090

使用ChatGPT进行商业交流自动化的优点和缺点　091

ChatGPT如何改变商业交流　093

小结　095

目录 >>

第 5 章　在商业中实施人工智能对话　097

为什么要集成ChatGPT？　099

ChatGPT集成服务　101

各行业的用例　103

ChatGPT的客户服务用例　107

客户服务的基本ChatGPT提示　111

小结　116

第 6 章　使用ChatGPT时的安全和伦理考量　117

数据隐私和安全介绍　119

解决ChatGPT中的数据隐私问题　129

关于ChatGPT的规定　136

ChatGPT的最佳实践和安全措施　138

为你的组织起草ChatGPT使用政策　139

使用ChatGPT的安全风险　140

附　录　法律人工智能实操手册　145

译 后 记	法律人工智能	157
	第一部分　法律人工智能	162
	第二部分　法律人工智能伦理	180
	第三部分　法律人工智能未来展望	187

致 谢

感谢已故的阿尔文·费尔南迪斯，我亲爱的朋友。虽然他现在不在我们身边，但是对他的记忆将永存。

斯里达尔·马赫斯瓦尔，NNIT集团供应链顾问：我亲爱的朋友，感谢你的支持。

普拉文·索拉特，ATOS的业务单元负责人：感谢你的美好祝愿。

第 1 章

ChatGPT 简介

在本章中，我们将介绍 ChatGPT，探索人工智能（AI）对话的世界，并讨论 ChatGPT 在该领域的角色。此外，我们还将探索 ChatGPT 的历史，看看 ChatGPT 的商业实际案例，并了解 ChatGPT 在人工智能领域的意义。

人工智能简介

人工智能领域正在迅速发展，其重点是开发能够执行通常由人类执行的各种任务的智能机器。它使计算机能够通过自行执行复杂的操作来学习和适应新的输入。人工智能已经获得了巨大的普及，并广泛运用于医疗保健和金融等领域。人工智能领域的发展是硬件和计算能力进步的结果。

人工智能有两种类型。

- 狭义人工智能（弱人工智能），只能执行特定的任务，而无法推广到其领域之外。Alexa（亚马逊语言助手）和Siri（苹果语言助手）就是这样的一些例子，它们都是虚拟助手。
- 通用人工智能，是一种能够像人类一样执行各种任务和行动的人工智能。创造通用人工智能是研究人员持续努力的一个艰巨而复杂的目标。

人工智能由各种技术和方法组成。机器学习是人工智能的一个子集，它允许计算机通过分析大量数据并进行预测来进行学习。这种类型的机器学习叫深度学习。它以其执行诸如语音和图像识别等任务的能力而闻名。

自然语言处理（NLP）领域专注于开发能够理解和解释人类语言的人工智能系统。它被用于各种应用活动，例如翻译和情感分析。随着人工智能的不断发展，它带来了既令人着迷又令人畏惧的挑战。它可以帮助我们彻底改变行业并改善我们的日常生活，同时也引发人们对其带来偏见、隐私和工作取代等问题的伦理关切。

人工智能领域是一个令人着迷的领域，它正在迅速改变我们的生活方式。无论你是有兴趣了解更多有关其应用的信息，还是参与其开发，本章将让你更好地了解它如何影响未来。

人工智能可以应用于各个领域，在以下这些领域中有多种实际应用。

- 人工智能驱动的自然语言处理通常用于Google Assistant和Alexa等虚拟助手。它可以分析文本和语音并作出响应，它还可以执行各种其他任务，例如

释放ChatGPT的力量：真实世界的商业应用

翻译和情感分析。

- 图像和视频分析使用人工智能来识别面部表情、检测照片中的物体以及审核社交媒体上的内容。

- 在线平台使用人工智能来开发推荐系统，帮助用户找到最好的内容和产品，比如亚马逊公司和Netflix（美国流媒体平台）的推荐。

- 在MRI（核磁共振成像）和X射线分析中，人工智能在医疗诊断和治疗方面提供辅助，可以检测扫描中出现的异常并提供癌症预测。它还可以预测患者的结果。虚拟健康助手和聊天机器人由人工智能提供支持，用于提供有用的信息和支持。

- 在金融服务行业中，人工智能被用于检测和预防欺诈以及市场趋势分析。

- 人工智能是自动驾驶汽车的重要组成部分，因为它使汽车能够安全导航并识别障碍物。

- 人工智能已被应用于视频游戏中，以创建更聪明的对手，改善游戏体验。它还用于为YouTube和Spotify（在线流媒体音乐播放平台）上的用户创建个性化推荐。

- 人工智能驱动的机器人正应用于制造业中，以提高运营效率和生产力。此外，它们还可以执行预测性维护，这有助于在机器潜在问题发生之前识别它们。

- 通过使用人工智能，营销人员可以根据顾客的购买历史和行为，制定定制化的营销策略。
- 人工智能可用于对野生动物的监测和分析，以及降低不同部门的能源消耗，以应对和减轻气候变化的影响。
- 在网络安全领域，人工智能被用来快速检测和响应网络威胁，例如网络钓鱼和病毒。
- 人工智能驱动的教育工具可以提供个性化的关注和指导，并评估学习者的进度以相应地定制课程。

我们已经看到了人工智能如何影响我们的日常生活和行业的一些例子。随着人工智能技术的进步，我们可以期待未来出现更多有影响力和创新性的应用，使大量的行业和部门受益。

例如，人工智能可以使单调的、重复性的任务自动化，从而释放人力资源来从事更具想象力和复杂性的活动；可以提高各种流程的效率和生产力；可以准确、快速地分析大量信息，作出更明智的决策并提高组织效率；可以识别数据中的趋势和模式,作出更好的决策。

人工智能可以根据用户过去的操作和行为来为用户提供定制化的体验。这在娱乐和营销等领域尤其有益,在这些领域,它为个人消费者量身定制的推荐可以提高消费者的参与度和满意度。

AI驱动的助手和聊天机器人可以通过提供24小时帮助和及时回答查询,来帮助改善客户体验。这种人工智能驱动的交互可以缩短响应时间并提高客户满意度。

人工智能可以通过提供更准确、更及时的扫描,在癌症和糖尿病等疾病的诊断和治疗中发挥至关重要的作用。它还可以帮助发现新药和制定个性化治疗计划。

人工智能可以帮助预测工业设备的维护需求,并就如何提高系统和机械的效率提供建议。无人机和自动驾驶汽车的发展在某种程度上是由人工智能驱动的。这些创新可以帮助提高运输和物流等各个部门的效率和安全性。

人工智能可以通过识别大量数据集中的异常和模式来帮助检测欺诈和网络安全。这对于检测金融交易欺诈特别有用。

自然语言处理技术的发展使得提高翻译和语音助手等各种服务的效率和用户友好性成为可能。

卫星图像、无人机和机器学习算法等人工智能技术可用于分析和监测环境数据，帮助解决与野生动物保护、气候变化和资源管理相关的环境保护问题。

基于人工智能的教育工具可以通过为学生提供个性化的内容和路径，来帮助他们实现个性化的学习体验。

诸如Morpheus（一种机器学习模型）等人工智能将检测深空星系并对其进行分类，帮助绘制宇宙中最早的结构图。

人工智能可以通过开辟新业务、简化现有流程和引入新企业来刺激经济增长。

尽管人工智能具有积极影响，但是解决其带来的社会和伦理问题仍然很重要，例如隐私和算法偏见，以最大限度地减少其使用可能产生的负面影响。

人工智能聊天机器人对话在商业中的意义

如今，客户支持和参与是企业成功的重要因素。因此，日渐兴起的人工智能聊天机器人成为改变游戏规则的技术，它们能够提供卓越的客户体验。这些计算机程序能够学习和处理复杂的语言，并且可以将其编程，以对话的方式作出响应。

人工智能驱动的聊天机器人可以帮助企业提高运营效率、提升客户服务和销售水平。它们通过各种渠道与员工和客户进行实时交互。

以下是人工智能对话如何影响商业运营的一些实际例子:

- 人工智能驱动的聊天机器人可用于回答问题并提供有关产品的信息,以及帮助用户解决常见问题。它们可以大大减轻人工支持的负担,能够立即响应客户。

- 人工智能可用于销售和电子商务运营,帮助客户作出明智的决策并改善他们的体验。例如,它可以帮助客户找到理想的产品并指导他们完成结账流程。

- 通过与人工智能对话,销售代表可以根据潜在买家的具体需求对潜在客户进行资格认定并将产品移交给潜在买家。这不仅减少了人工成本,也帮助销售代表专注于高优先级的潜在客户。

- 人工智能驱动的聊天机器人可以帮助安排预约,使客户和企业都节省时间并减少了时间冲突的可能性。

- 人工智能对话可用于进行调查和收集反馈，并以更具互动性和吸引力的方式进行。这使一些组织能够获得宝贵的见解并改进他们的情绪分析。

- 人工智能支持的虚拟助理可在商业环境中使用，以帮助完成任务如日程安排、设置提醒以及回答有关公司政策的问题。它们还可以通过完成各种行政职责来提高运营效率。

- 新人工智能机器翻译（**NMT**）是一种人工智能翻译方法，它使用深度学习技术和神经网络来翻译文本和语音的含义。这种人工智能驱动的系统还可用于提供实时翻译服务，使公司更容易与来自不同语言背景的合作伙伴和客户进行交流。

- 人力资源和招聘可以从人工智能聊天机器人的使用中受益，它可以帮助筛选候选人、提供有关公司文化的信息并提出相关问题。

- 通过人工智能，可以使用个性化材料和指导对新员工进行培训。这个过程可以帮助新员工无缝融入公司并提高他们的知识保留率。

- 互动营销平台可以利用人工智能聊天机器人吸引消费者参与游戏、测验和竞赛，从而提高消费者的参与度和参

释放ChatGPT的力量：真实世界的商业应用

与水平。
- 人工智能对话可以集成到软件和移动应用程序中，使最终用户能够立即获得帮助。
- 人工智能驱动的系统还可以帮助员工遵循适当的程序和正确的步骤，以遵守法规。

一般来说，商业中的人工智能对话有各种实际好处，例如增强客户体验和提高效率。它们可以帮助组织提供更好的服务，减少运营费用，并因其数字能力而获得竞争优势。

ChatGPT简介

生成式预训练转换器（GPT）是指一种经过大量文本训练的计算机程序。它可以被描述为一个语言专家，一直在研究各种有关语言的书籍、网站和文章，以了解人们如何使用语言。

通过训练，GPT具备了用语言执行各种非凡任务的能力。例如，它可以生成听起来与人所说的一模一样的回答，它可以翻译语言、回答问题并让人在对话中获得乐趣。

GPT可以破译情境并产生相关且有意义的回答。它被广泛应用于各种应用程序，例如虚拟助手和聊天机器人。通过分析和学习数据，它可以提高理解和响应不同语言的能力。尽管GPT在语言方面非常聪明，但是它仍然是一个计算机程序，它不像人那样感觉或者思考。在GPT的帮助下，计算机可以以创新的方式与人进行交流。

■ ChatGPT的形成

ChatGPT引擎基于OpenAI的GPT语言模型。开发该组件涉及许多步骤。2018年，OpenAI推出了GPT语言模型系列。该语言模型系列中的第一个模型已发布，它展示了基于转换器的系统执行自然语言处理的能力。

在发布GPT-1后，该公司继续改进和细化GPT模型。2019年，该公司发布了GPT-2。这是对之前模型的重大升级，它有超过10亿个参数。

在仔细考虑与开源相关的各种风险和收益后，OpenAI向公众广泛提供GPT-2。这标志着大规模AI模型演进的重要一步。GPT-2被各行业的研究人员和开发人员广泛使用和采用。它能够执行各种任务，例如文本生成和语言翻译。

2020年，OpenAI发布了GPT-3，拥有1750亿个参数。它在几乎所有与自然语言处理相关的任务中都比其前辈表现得更好。GPT-3的对话变体被称为ChatGPT，旨在展示该模型的聊天机器人功能。用户可以与它进行交互，就好像在与虚拟助手聊天一样。作为研究预演，发布该组件是为了收集用户反馈。

OpenAI通过用户的反馈和研究进展不断改进和微调GPT模型，致力于使技术更安全、更有用、更强大。

GPT系列和ChatGPT对语言处理领域作出了巨大贡献，使开发人员能够创建先进且更易于访问的应用程序。随着人工智能的不断发展，这些模型的开发将继续下去。

■ ChatGPT背后的技术

ChatGPT是一种功能强大的语言模型，可用于人机交互。它基于GPT-3和GPT-4，由OpenAI开发。该聊天机器人可以像人类一样，提供响应并进行交互（如图1-1所示）。

OpenAI的GPT架构为人工智能助手ChatGPT提供支持。ChatGPT已经接受过大量文本数据的训练。

以下是ChatGPT的一些特色：

图1-1 ChatGPT可以与人类交流

- ChatGPT平台具有对话式的风格，可以处理正常的人类交流。
- ChatGPT平台能拒绝用户的不当请求。
- ChatGPT能够理解多种自然语言。
- ChatGPT具有自主学习能力属性。
- ChatGPT能够记住与用户的所有交流。
- ChatGPT可以通过编程来开发新的应用程序。

通过ChatGPT，用户可以及时获得一系列问题和主题的相关答案，其数据驱动的学习系统有助于分析和改进其响应。

2023年GPT-4最新版本发布。这是OpenAI公司最先进的人工智能系统。

■ ChatGPT架构

ChatGPT语言模型有两个主要组成部分：理解和生成。前者用于处理用户的输入并分析情景，后者用于生成连贯且与情境相关的响应。

通过这些组件，ChatGPT可以进行类似人类的对话，利用用户的输入来提供有价值的响应和交互。

图1-2是对ChatGPT架构的基本表示，它缺少在实际贯彻落实中可能需要的所有复杂功能。

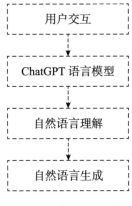

图1-2　ChatGPT架构

同时，图1-3说明了ChatGPT的工作原理。处理用户输入的组件被称为语言理解组件，它可以解释情境并理解输入背后的意图。

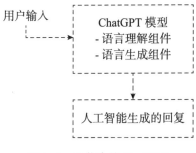

图1-3　工作中的ChatGPT

语言生成组件使用前一阶段的知识来生成响应，生成有意义、有情境的语言文本。

ChatGPT模型根据对用户输入的理解生成响应，目的是模仿人类语言并与用户进行对话。

图1-4是对ChatGPT部署架构的基本表示，实际贯彻落实可能需要更复杂的系统和组件。这可能会带来其他挑战，例如计算方面的开销增大，但是也可能会提高准确性或者更丰富的输出。

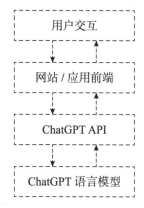

图 1-4 ChatGPT 部署架构

此架构允许用户使用文本输入与 Web 或者应用程序前端进行交互。然后，用户的输入被发送到模型，模型随后对其进行处理并作出响应。

在图 1-5 中，ChatGPT 架构在涉及用户输入时考虑了多

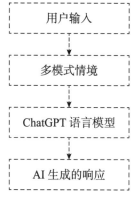

图 1-5 ChatGPT 多模式架构

模式情境,包括视频、图像和其他形式的数据,这为AI模型在生成响应时提供了额外的信息。

我们现在将探索ChatGPT训练工作流程架构(见图1-6),这将帮助我们在商业情境中部署ChatGPT。

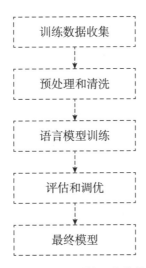

图1-6　ChatGPT训练工作流程架构

如图1-6所示,训练数据收集过程首先从各种来源收集大量文本信息,包括书籍、网站和文章。训练数据经过彻底清洗和预处理,以消除噪声并使其适合训练。

然后使用预处理的数据训练语言模型,这是通过基于转换器的方法完成的。该模型经过多次迭代以提高其性能。

根据各种任务和基准对该模型进行评估,以衡量其有效性。如果测试结果不令人满意,则对模型进行调整。ChatGPT最终模型在成功完成训练和评估后发布。

我们将讨论的下一个架构是ChatGPT干预工作流程架构(图1-7)。ChatGPT用户首先与平台交互并以语音或者文本的形式提供输入。

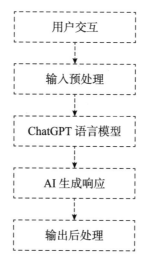

图1-7　ChatGPT干预工作流程架构

用户的输入可能会被预处理,这可能涉及句子分割和标记化。这些措施是语言模型输入语言过程的一部分。ChatGPT语言模型接收预处理后的输入并在生成响应之前对其进行处理。

人工智能生成的响应是由语言模型在分析其收到的输入以及从训练数据中学习的情境后生成的。响应输出经过处理，包括格式化和去标记化处理，以使其适合展示。

这一工作流程中列出了ChatGPT模型的推理和训练流程。它们在实际贯彻落实中可能会更加复杂，并且可以进行定制以满足特定要求。

ChatGPT的未来

ChatGPT语言理解能力的发展是影响其未来的最重要因素之一。虽然GPT-3等模型已经展示出令人印象深刻的功能，但是仍有改进的空间。

未来，ChatGPT有望为用户提供更加个性化的交互。这可能包括能够从过去的对话中学习并根据用户的特定偏好作出定制化响应。就其理解复杂对话的能力而言，ChatGPT预计未来将得到突飞猛进的发展。它可能能够提出澄清式问题并处理更复杂的讨论。

虽然ChatGPT目前专注于基于文本的对话，但是预计未来会扩大视野，添加其他形式的输入，例如语音或者图像，提供更具沉浸感和多样性的体验。随着技术的成熟，预计

ChatGPT将进入各个领域和行业。例如，它预计将在教育、医疗保健和创意内容生成领域得到运用。

ChatGPT的未来版本可能会无缝集成到各种平台和应用程序中，这将使开发人员和公司能够在他们的产品中轻松实现对话式人工智能功能。

尽管GPT-3和其他大型模型可能很强大，但是它们需要大量的计算资源才能良好运行。未来的开发将集中于创建更小、更高效的模型，可以轻松部署在各种设备上。

随着对话式人工智能领域的不断扩大，解决伦理问题的需求将会增加，这一趋势也将影响诸如ChatGPT等人工智能模型的发展。开发人员必须确保他们创建的模型合乎伦理。ChatGPT的发展将受到人工智能群体正在进行的研究和合作的影响。

OpenAI等组织可能会继续接受反馈并根据用户的体验进行改进。人工智能技术的发展为聊天机器人和对话式人工智能开辟了新的可能性。考虑到这一点，确保解决伦理关切和偏见方面的问题以维护人工智能对社会的积极影响至关重要。

ChatGPT在商业中的实际用例

在当今的数字时代，随着业务的扩大和改善客户体验的需要，企业正在转向人工智能驱动的语言模型来提高效率并提供个性化体验。ChatGPT就是多功能人工智能模型下的机器人程序，可用于通过各种自然语言处理技术与用户进行交互。

ChatGPT被广泛应用于各个行业，是一项改变游戏规则的技术。它使公司能够改善客户支持、形成商业机会并简化内部流程。在ChatGPT的帮助下，组织可以与其员工和客户创建智能且引人入胜的对话。以下是一些应用：

- 将ChatGPT集成到应用程序和网站中，可以为客户提供即时帮助。此功能可以处理各种常见查询并提供有用的产品信息，有助于提高客户满意度并最大限度地降低支持成本。
- 支持ChatGPT的聊天机器人可用于生成商业机会、优化销售流程以及回答常见问题。它还可以增加转化的可能性，并就收到的查询提供建议。

- 借助ChatGPT，营销人员和内容创建者可以轻松创建社交媒体帖子、文章和描述产品的内容。它还可以帮助他们集思广益并提供相关数据。

- 借助ChatGPT支持的虚拟助理，员工可以通过安排会议、处理内部查询和管理日历来完成更多工作。这可以提高工作效率并简化操作。

- 将ChatGPT集成到翻译平台中，可以让公司实时提供翻译服务，特别是在与多语言消费者打交道时。

- 在招聘和人力资源部门，ChatGPT可用于筛选候选人、处理与工作相关的查询，并优化招聘流程。

- 在营销活动中，公司可以将ChatGPT集成到互动游戏、测验和个性化推荐中，以鼓励用户参与品牌活动并提高参与度。

- 由ChatGPT支持的虚拟导师可在教育机构中使用，以提供一对一的帮助、澄清学生的疑问并提供个性化的学习机会。

- 在医疗保健行业，ChatGPT可用于处理非紧急医疗查询并为患者的问题提供答案，从而减轻从业人员的负担。

- 在语言学习应用中，ChatGPT可用于模拟对话，帮助学习者提高掌握另一种语言的能力。
- 在房地产领域，ChatGPT可用于处理房产查询、安排房产参观以及帮助启动销售流程。
- 在酒店行业，ChatGPT可用于帮助预订、提供有关地点的信息以及回答有关旅行的问题。

这几个示例展示了如何将ChatGPT集成到公司的运营中，以改善客户体验、提高效率并鼓励更多的协作和互动交互。该技术的发展可能会在未来带来更多创新的用例。

ChatGPT的伦理考量

用户在使用人工智能语言模型时应该意识到的主要伦理问题之一是它们的响应中可能存在歧视。这个问题的出现可能是因为这些模型学习的数据集很大，其中包括社会成见。开发人员必须采取必要的措施来识别和解决此问题。

通过ChatGPT进行的交互可能涉及敏感数据的传输。开发人员和公司必须采取必要的措施，确保他们收集的信息免受未经授权的访问。这可以用加密和匿名的方法来实现。

ChatGPT和其他人工智能模型通常被视为黑匣子，这使得用户很难理解它们如何回答某些问题。对这些模型作出的决策进行清晰的解释、展示透明度，对于建立用户信任并使用户意识到人工智能的局限性非常重要。

公司应该告知用户必须意识到他们正在与人工智能对话，充分解释人工智能的行为对于获得用户的同意至关重要。清晰的交流可以促进信任并防止用户受到欺骗。

企业和开发者应该考虑ChatGPT对各种应用场景可能产生的影响。他们必须避免剥削性或者有害的使用场景，以阻止操纵、发布传播错误信息或者骚扰。

人工智能模型可能被用来制作令人反感或者有害的内容。开发人员和公司必须贯彻落实相关机制和采用过滤器来识别和防止此类内容被创建。

人工智能模型必须以符合人权、伦理原则和社会规范的价值观来概念化。在创建负责任的人工智能系统时，应考虑到更广泛的社会影响。在人工智能模型中实施安全功能和保护屏障对于防止其被无意或者恶意使用至关重要。对其行为的监控和审核可以帮助识别和防止有害输出。

开发者必须积极打击对诸如ChatGPT等人工智能模型的滥用。他们还应该制定明确的指导方针，说明如何使用这些模型及其后果。促进政策制定者、学者和行业专业人士之间的合作，可以促进人工智能领域的伦理行为规范，并为开发人工智能模型确立最佳实践。

尽管ChatGPT等人工智能模型具有巨大潜力，但是它们也有伦理责任。

- 开发人员和用户应考虑此类系统的各种好处，同时确保以负责任的方式使用它们。
- ChatGPT应拥有必要的工具来过滤不当和冒犯性内容。当平台与用户互动时，这一点尤其重要，因为它必须维护社区标准并避免宣扬暴力、仇恨言论或者其他此类内容。
- 随着人工智能模型变得更加复杂，它们有可能影响人们的意见和决策。为了防止这种情况，开发人员应该确保这些工具在有用的同时不会操纵或者欺骗用户。
- 与人工智能进行交互应有合适的用户年龄，并且平台应能够提供适合每个人的内容。开发人员还应采取措施限制人工智能收集信息，并确保其遵守相关法律。

- 开发人员应确保ChatGPT不会传播虚假信息或者错误信息。它应该是一个可以提供事实数据并拒绝传播虚假信息内容的模型。

- 人工智能交互必须了解用户的情感情绪健康,尤其是那些患有心理健康问题的用户。平台必须实施保障措施来识别病痛迹象并提供适当的转诊服务。

- 开发人员还必须努力减轻ChatGPT响应中的歧视和刻板印象的影响。这可以通过仔细的数据集管理和对抗性训练等技术来实现。

- 应获得用户必要的同意和所有权才能允许ChatGPT使用和收集用户的数据。公司在与ChatGPT交互时必须对其数据的使用方式保持透明,并且这应该通过透明的流程来完成。公司应该提前了解ChatGPT如何使用和存储他们的数据。

- 开发人员不得出于任何目的利用ChatGPT制作虚假评论或者传播误导性内容。通过实施检查,他们可以维护人工智能生成的数据的公正性。

- 随着人工智能领域的不断扩展,开发人员必须采取必要措施,防止人工智能生成的内容被用于恶意目的。

- 公司必须定期监控ChatGPT的输出并收集用户反馈以识别问题并提高其性能。相关组织还应该为个人提供报告聊天机器人创建的有问题的内容或者交互的渠道。
- 能够解释人工智能产生的数据对于开发人员来说非常重要,尤其是在处理医疗建议等敏感情况时。
- 人工智能系统创建的交互可能会产生意想不到的后果。这可能包括造成伤害或者强化刻板印象。定期审核和收集用户反馈可以帮助识别这些问题并实施修复。
- 随着人工智能模型数量的持续增加,了解其社会影响变得更加重要。为了确定可能的优势和风险,相关组织应进行研究和评估。

与利益相关者和政策制定者合作,制定有关适当使用人工智能模型(例如ChatGPT)的法规和指南,帮助开发者和公司负责任地使用ChatGPT。这样做可以帮助确保该技术为社会作出积极贡献,同时也最大限度地减少可能的风险。

小　结

本章介绍了人工智能和ChatGPT，展示了ChatGPT的商业应用示例。接下来我们将重点关注ChatGPT的商业相关性，了解ChatGPT技术，探索ChatGPT在现实中的应用，增强与ChatGPT的商业问题交流，在商业中实施人工智能对话，并在使用ChatGPT时注意伦理考虑因素。

第2章

了解ChatGPT的底层技术

在上一章中,我们介绍了ChatGPT。读者看到了如何使用ChatGPT的实例,了解了它的历史,并探索了人工智能对话的重要性。在本章中,读者将对ChatGPT的底层技术有历史性了解,包括机器学习算法、自然语言处理和神经网络等技术方面。

第2章　了解ChatGPT的底层技术

导　言

ChatGPT是一种生成式人工智能，可让用户与人工智能创建的文本进行交互。与自动聊天系统一样，ChatGPT为人们提供了一种提出问题或者获得解释的方式。GPT结合人类反馈和机器学习来提高其性能。

OpenAI成立于2015年，由埃隆·马斯克和山姆·奥特曼联合创立。OpenAI研发了ChatGPT，并于2022年11月正式推出。该公司得到了微软等多家投资者的支持。此外，它还开发了Dall-E（一个图像生成系统），这是一种通过文本描述生成图像的人工智能工具。

ChatGPT采用了GPT技术，后者旨在从数据序列中识别模式。GPT-3是一个大语言模型和神经网络学习框架。

用于机器学习的ChatGPT

ChatGPT是一种使用机器学习技术的革命性语言处理模

型。它代表了人工智能的重大进步。该模型建立在GPT-3.5框架之上，该框架是一种神经网络，旨在识别和生成类人文本。

ChatGPT旨在为用户提供对用户语言的更准确的情境理解。它通过使用深度学习算法来实现这一目标，该算法已在互联网上的大量文本集合上进行了广泛的训练。这种预训练确保了ChatGPT能够处理人类语言的各种细微差别。

借助其微调过程，可以自定义ChatGPT以执行特定任务或者应用程序。这使其能够在某些领域表现出色，例如客户支持、医疗保健和金融。它是一种多功能工具，可用于不同行业。

ChatGPT的算法建立在根植于转换器架构的深度神经网络之上，转换器架构是一个非常适合处理顺序数据的框架。这些算法由多个前馈神经网络和注意力机制组成，使模型能够有效执行情境性语言处理。

通过强化学习，ChatGPT模型可以利用用户生成的内容进行学习和改进。其微调阶段还使其能够响应现实生活中的反馈，以增强其提供有用且准确的信息的能力。

ChatGPT算法的发展标志着对话式AI领域的重大进步。它可以彻底改变各种应用程序，例如虚拟助手和内容生成。

它可以理解并生成具有极高连贯性和质量的文本。

重要的是,ChatGPT模型的算法在不断完善和改进,以确保它们合乎伦理且不存在偏见。这将使其成为对社会有价值且负责任的工具。

机器学习是人工智能中的一个子学科。这是一个通过分析和学习大量数据来改进算法的过程。该技术建立在先进模型的基础上,可以进行预测并受到最少的人为干预。机器能够通过转换进行学习并提供用户所需的输出。

机器学习在当今社会可以多种方式使用。例如,谷歌搜索使用机器学习来实现自动补齐和预测功能。

自动补齐是一项功能,允许用户键入待查询内容的前几个字母来获取他们正在查找的结果。谷歌是早期实现此功能的公司。现在,几乎每个提供搜索引擎的平台都有此功能,如亚马逊公司、Spotify和Flipkart(一家电子商务零售商)等。

在机器学习中,谷歌的预测性搜索与自动补齐功能无缝配合。它使用分析用户行为后开发的算法来预测他们下一步可能会做什么。例如,通过研究人们观看电影的方式,Netflix可以根据对他们的分析提供建议。

在机器学习中,ChatGPT可通过执行类似的操作来提高模型的性能。这将使预测性搜索和自动补齐的过程变得更加容易。

■ ChatGPT和机器学习

机器学习被用来训练基于海量数据的ChatGPT。该数据集具有各种语言模型，可用于生成类似人类的对话。

ChatGPT的开发人员结合了无监督的机器学习和监督的机器学习来提高聊天机器人的能力。通过这种方法，他们可以从数据中学习并提供精确的结果。

监督学习和无监督学习的区别在于前者更加稳定。ChatGPT利用监督学习，通过标记数据来训练模型，然后期望这些模型根据新的输入来预测未来的结果。该程序在其训练循环中使用了称为RLHF（人类反馈强化学习）的强化学习技术。

RLHF是一种机器学习技术，可以增强AI语言模型的对话能力。ChatGPT的开发者使用了这种方法，即通过提供反馈循环，指导聊天机器人如何区分错误响应和正确响应。

ChatGPT的开发人员采用了一种奖励模型，如果人工智能给出正确答案和肯定性答案，它就会受到激励。相反，如果它产生错误的响应，它就会得到较低的奖励。通过奖励系统的辅助，聊天机器人可以提供精确的输出。

通过使用RLHF，ChatGPT可以提供更加人性化的响应。该方法的工作原理是根据AI训练师提供的输入，修改模型的输出。在聊天机器人的初始训练阶段，训练师扮演人工智能助手和用户的角色。

弱人工智能和强人工智能

弱人工智能只能执行简单的任务。这种类型的人工智能，也称为狭义人工智能或者ANI，由人类制定的算法驱动。它只能通过模拟智能来执行预定义的动作。

强人工智能则具有形成心智能力的潜力。这是因为它可以模仿人类的思想和行为。虽然人工智能不具有自然意识，但是强人工智能可以通过接收和处理数据来适应自然意识。这意味着它可以通过吸收信息来触发学习过程。

比如ChatGPT可以生成对基于文本的提示的响应。它处理自然语言的能力使其成为一个特别强大的人工智能。它还可以理解和模仿提示的风格和语气。

举个例子，ChatGPT可以对我们关于"悲伤"感觉的询问提供有用的答复。它不仅能够理解我们的信息，还可以提供移情性响应。这是因为它经过训练，能够以一种可以引起共鸣的对话方式回应情感提示。

当ChatGPT被要求写一篇关于使人们"欢快"的文章时，它会使用不同的语气。它知道查询不再是"你正在悲伤"，而是"人们正在悲伤"。

ChatGPT通过利用大量数据来分析类似人类的反应，展示了先进的狭义人工智能的功效。

通过机器学习，ChatGPT可以了解自然语言处理的细微差别，使用这些算法来产生所需的输出。此外，它的学习能力有助于提高输出质量。

本节讨论了机器学习在帮助ChatGPT成为一种强大的人工智能方面的重要性。通过利用这项技术，ChatGPT已可以识别数据中的模式，并随着时间的推移显著提高性能。

下面列出了ChatGPT机器学习功能的一些优势：

- 通过其机器学习功能，ChatGPT可以就客户服务和电子商务领域的查询提供个性化响应。

- 通过其机器学习功能，ChatGPT可以创建有效的在线内容和营销活动，分析趋势并提出相关的社交媒体策略。
- 在教育行业，教育工作者在机器学习的帮助下，可以识别学生的学习需求并开发有效的课程。
- 在医疗保健行业，机器学习可被用于收集和分析数据。医疗专业人员可以使用它来提供更有效和个性化的建议。
- 此外，ChatGPT可被用于提供财务建议和研究市场趋势。

本文旨在讨论机器学习和ChatGPT之间的关系。后者改进其响应能力是其运作至关重要的一部分。在机器学习的帮助下，ChatGPT可以改善客户体验，提供更准确和个性化的响应，并提高其搜索查询能力。

ChatGPT在自然语言处理中的应用

ChatGPT是一种高级语言模型，旨在处理和生成类人文本。它使用的是被称为变换器架构的深度神经网络框架。

ChatGPT可以创建连贯的文本、参与情境感知的对话，并回答与自然语言处理相关的问题。它非常适合各种任务，例如翻译和内容生成，并且可被用作虚拟助手和聊天机器人。

ChatGPT对于想要利用人工智能驱动的语言生成和理解能力的研究人员和公司来说非常有用。它展示了自然语言处理技术的不断发展，这将帮助我们在人类和计算机之间进行有意义且自然的交互。例如基于文本的对话通常与ChatGPT一起使用，因为ChatGPT旨在促进这种对话。它可以理解语言提示并以适合虚拟助手、聊天机器人和其他此类人工智能应用的方式产生相关响应。

ChatGPT使用被称为变换器架构的深度神经网络。它能够处理顺序数据，非常适合理解和生成人类语言。

ChatGPT已经接受了基于从互联网提取的大量文本数据的训练，这些数据涵盖了广泛的主题和语言。这些知识有助于它理解人类语言（包括情境和语法）的细微差别。

ChatGPT的框架具有大量参数，这使其能够研究错综复杂的文本和模式。其非凡的语言创造能力可以归因于其非凡的参数规模。

虽然ChatGPT旨在处理一般数据集，但是也可以对其进行定制，以处理特定领域的任务。这使得它能够适应不同行业的需求，例如医疗保健和金融。

ChatGPT擅长情境理解，可以在扩展对话中形成连贯、情境化的响应，并在多个对话回合中都保持对话的情境。

ChatGPT使用了强化学习的方法，这使得每当用户与其交互时，它都会改进其响应。它还可以从反馈中学习，以提高其性能。

支持不同语言的能力使ChatGPT成为全球性的理想工具。这使其能够理解和生成不同语言的文本，促进文化交流。

■ ChatGPT当前在自然语言处理任务中的应用

情绪分析是商业中识别文本信息背后的情绪基调并将其分类为中性、积极或者消极的过程。它是自然语言处理任务的重要组成部分，用来了解消费者如何感知其服务并与之互动。

由于客户反馈的复杂性，通常很难确定哪些词语是反讽性的恭维，哪些是温和的表达。借助大语言模型可以轻松解决这个问题（参见图2-1）。

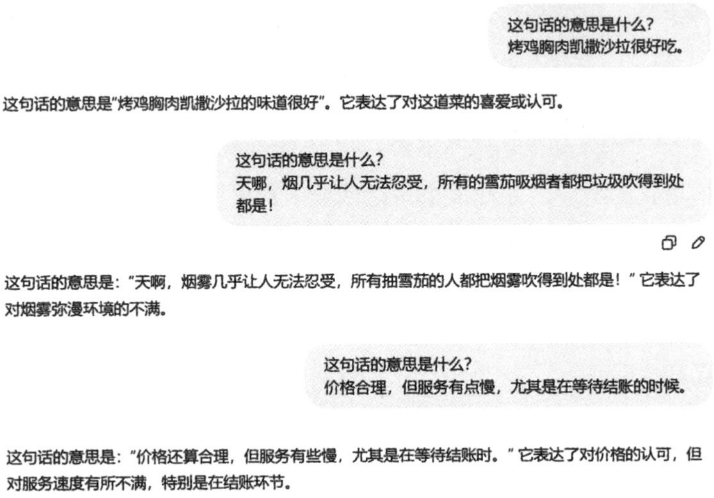

> 这句话的意思是什么?
> 烤鸡胸肉凯撒沙拉很好吃。

这句话的意思是"烤鸡胸肉凯撒沙拉的味道很好"。它表达了对这道菜的喜爱或认可。

> 这句话的意思是什么?
> 天啊,烟几乎让人无法忍受,所有的雪茄吸烟者都把垃圾吹得到处都是!

这句话的意思是:"天啊,烟雾几乎让人无法忍受,所有抽雪茄的人都把烟雾吹得到处都是!"它表达了对烟雾弥漫环境的不满。

> 这句话的意思是什么?
> 价格合理,但服务有点慢,尤其是在等待结账的时候。

这句话的意思是:"价格还算合理,但服务有些慢,尤其是在等待结账时。"它表达了对价格的认可,但对服务速度有所不满,特别是在结账环节。

图2-1 ChatGPT在情感分析中的应用[①]

在自然语言处理中,使用一种名为ABSA(aspect-based sentiment analysis,基于方面的情感分析)的方法来对文本的情感进行分类。与分析情感的其他方法不同,该方法并不将文本视为全部的实体。相反,它可以分析产品或服务的各个方面。

通过使用ChatGPT和自然语言处理模型,公司可以创建一个情感分析管道,分析产品或服务的各个方面,以识别客户最可能不喜欢或者喜欢的功能(如图2-2)。

---

① 译者注:ChatGPT可以通过情感分析判断出询问者的情绪是积极的、消极的或复杂的。

> 对这篇评论进行基于方面的情感分析：表演不是很好，但人物更令人着迷，安抚也更生动。

对这篇评论进行基于方面的情感分析，可将其拆分为以下几个方面进行分析：

1. **表演 (Performance)**
   - 评价："表演不是很好"
   - 情感极性：**负面**（评论者对表演不满意）
2. **人物 (Characters)**
   - 评价："人物更令人着迷"
   - 情感极性：**正面**（评论者认为人物塑造较好，具有吸引力）
3. **安抚 (Soothing Effect/Comfort)**
   - 评价："安抚也更生动"
   - 情感极性：**正面**（评论者认为安抚的表现较生动，有感染力）

综合情感分析：

整体来看，这条评论既包含**负面评价（表演）**，也包含**正面评价（人物和安抚）**，因此整体情感倾向是**偏正面**，但仍带有一些负面情绪。

图 2-2　ChatGPT 使用 ABSA[①]

ChatGPT 的功能之一是进行 NER（命名实体识别），这是一个在文本分析中识别和分类单词或者短语的过程。这对于识别和分类各种组织、人员、地点等很有用。

自然语言处理最常见的应用之一是分析临床数据。由于生物医学语言的复杂性以及文本中可能出现大量实体，计算基础代谢率（BMR）是一项具有挑战性的任务。

---

① 译者注：ChatGPT 可以对文本表达的情感进行分类解析，进而判断客户对产品或服务的感受。

释放ChatGPT的力量：真实世界的商业应用

通过对大型语料库的广泛训练，ChatGPT已经能够实现高质量的NER标记，这可以帮助识别和分类药物和疾病（参见图2-3）。

> 你能从这段文字中提取与医学相关的术语吗？
> FLASH放射治疗是一种超高剂量率放射治疗，其剂量率比常规临床放射治疗高出数个数量级，有望彻底改变癌症治疗的未来。FLASH放射治疗诱导了被称为"FLASH效应"的现象，即超高剂量辐射在保持局部肿瘤控制的同时，显著降低常规放射治疗相关的正常组织毒性。导致FLASH效应的潜在机制尚未完全阐明，目前最受关注的理论涉及氧张力变化和活性氧物种生成的突出作用。近年来，FLASH效应已在体外和体内多项研究中得到验证，首位T细胞皮肤淋巴瘤患者也于2019年成功接受了FLASH放射治疗。然而，现有FLASH研究主要采用组织穿透能力较弱的电子束，这限制了其临床转化。质子束治疗作为一种前景广阔的替代方案，因其能在组织深处精准沉积剂量而备受关注。但当前关于FLASH质子的研究仍相对匮乏。本文系统整理了现有的FLASH放射治疗研究成果，阐释了FLASH效应的理论机制，并重点探讨了FLASH质子束治疗的未来潜力。

从这段文字中提取的与医学相关的术语包括：
1. FLASH放射治疗
2. 超高剂量率
3. 癌症治疗
4. FLASH效应
5. 局部肿瘤控制
6. 正常组织毒性
7. 氧张力变化
8. 活性氧物种
9. T细胞皮肤淋巴瘤
10. 组织穿透能力
11. 电子束
12. 质子束治疗
13. 临床转化

这些术语涉及放射治疗、肿瘤学及相关生物医学领域的概念。

图2-3　ChatGPT使用NER[①]

---

① 译者注：ChatGPT可被用于文本分析，对文本中的术语进行识别和分类。

神经网络中的ChatGPT

ChatGPT的突破性成就展示了深度学习框架的卓越能力。它基于转换器架构,彻底改变了自然语言处理领域。

◆ 转换器架构:

转换器架构在Vaswani及其同事的开创性论文《注意力就是你所需要的一切》中被首次提出。这种类型的网络架构非常适合处理顺序数据。

ChatGPT框架具有多层结构,包括前馈神经网络和自注意力系统等组件,这使得它能够从文本中分层提取和执行情境。

转换器框架的主要焦点在于注意力机制,该机制使其能够权衡输入序列中每个单词和标记的重要性,因此模型能够专注于相关情境并产生连贯的语言。

ChatGPT的嵌入层将输入单词转换为具有高维结构的数值向量。通过这样做,单词可以被视为数值,这使得它们适合网络处理。

虽然,ChatGPT框架是在大量文本语料库上进行预训练的，但是它可以进行微调从而被用于特定领域，或者在应用程序中执行特定任务。这使得它能够增强其性能并根据特定需求进行定制。

通过强化学习，ChatGPT可以提高其在用户交互中的表现能力。它通过现实世界的反馈不断自我更新和完善。理解和生成多语言文本是ChatGPT的一个功能。它展示了转换器架构的灵活性及其全球吸引力。

ChatGPT广泛的训练数据和神经网络架构使其能够在各种任务和基准测试中实现高水平的性能，这进一步巩固了其作为自然语言处理领域先锋模型的地位。

ChatGPT框架基于转换器概念的深层次结构，彻底改变了自然语言处理的方式。它处理文本和生成类人内容的能力有广泛的应用方向，例如虚拟助手和聊天机器人。它的出现为人工智能驱动的自然语言生成和理解领域的发展可能性设定了新标准。

◆ 人工神经网络：

人工神经网络经常被认为是人工智能的重要组成部分。从根本上说，它是一个节点的集合，可以让计算机识别数据中的模式并从示例中学习。ChatGPT模型作为一个基于转换器架构的人工智能框架,与之也没有什么区别。

神经网络是一种从神经系统和大脑获取线索的人工智能系统。它利用其互联的功能来处理数据并产生所需的输出,这类似于大脑的神经元。它在医疗诊断和语音识别等领域都有应用。

ChatGPT模型采用前馈和标准化层来提供类人响应。后者可以通过应用非线性转换来学习复杂模式。此外,标准化层可以确保所有训练模块的输入值都是一致的。

在开放使用之前,ChatGPT会经过预训练过程,以确保其按预期运行。它通过各种步骤处理文本,例如编码、标记化、输出生成和概率分布。

与机器学习和人工智能相关的技术彼此紧密相连。神经网络的兴起已被归因于高性能计算和大数据的兴起所创造的数据格局。这些平台允许开发人员通过收集和存储大量信息来训练复杂的网络。

ChatGPT框架基于机器学习和神经网络的原理,通过训练其神经网络来识别和响应文本输入。系统性能的微调也很重要,可以确保ChatGPT能够准确地处理特定类型的输入。

◆ 机器学习：

机器学习是一个涉及训练神经网络识别和响应各种类型的语言的过程。

ChatGPT通过分析用户输入的文本并识别其中的关键点来进行学习。在理解主题后，它会根据其知识库生成响应。

◆ 自回归：

自回归是ChatGPT生成响应的过程。这种方法涉及根据前面的句子一次想出一个单词。这确保了其响应在语法上是正确的，并且也能在对话的情境中产生共鸣。

适应和学习能力是ChatGPT的主要优势之一。它不断地输入新的文本数据，这有助于它增强对语言的理解并产出更准确和相关的答案。

自回归是ChatGPT生成答案的一种方法。它通过一次使用一个术语来形成响应，目的是确保其话语连贯一致且语法正确。

ChatGPT能够生成准确、彻底模仿书面文字的响应，这也是其技术的优势。这是通过被称为自然语言生成的过程实现的，该过程涉及复杂算法的使用。

ChatGPT首先生成可在响应中使用的单词和短语列表。然后，它使用各种算法根据候选词的相关性和语法正确性对候选词进行排名。

对候选词进行排名后，ChatGPT通过自回归选择最佳的答案，一次选择生成一个响应，其目的是确保答案既符合情境相关性，又达到语法正确性标准。

◆ 微调：

这是一个用于训练神经网络以更好响应特定类型输入的过程。通过这样做，ChatGPT可以提高其为用户提供更准确、更有帮助的答案的能力。

ChatGPT面临的主要挑战之一是为用户提供准确且相关的答案。为了解决这个问题，它持续采用不同的技术来改进其输出。

除了生成答案之外，ChatGPT还可以被用于其他自然语言处理场景，例如翻译和生成摘要。借助该技术，开发人员可以制作能够以更自然的方式理解和响应查询的虚拟助手和聊天机器人。

ChatGPT的技术架构

ChatGPT框架由各种技术和组件组成。它通过集成深度学习（机器学习的子集）和其他相关技术来实现复杂的人工智能系统。

ChatGPT框架由深度学习提供支持，深度学习是一种机器学习，利用多层神经网络来处理和理解大量信息，它通常被用于语言理解和建模。

ChatGPT框架建立在转换器模型之上，转换器模型是一种被广泛用于建模和分析复杂句子的框架。它彻底改变了自然语言处理的执行方式。该模型的注意力机制有助于它分析和解释句子中的不同单词。

ChatGPT框架经历了两个阶段的训练过程。第一阶段涉及学习语法、情境语言的基础知识，这是在开始执行特定任务之前完成的。第二阶段为微调阶段，模型会根据特定数据集进行训练，以提高其在客户支持、医疗保健和法律等领域的性能。

不同的注意力机制在转换器模型的层（layer）中实现，以捕获文本中的情境和依赖关系。这些注意力机制可用于理解单词之间的复杂联系。

ChatGPT框架通过使用嵌入层将标记化输入转换为数值向量。由于语义链接的保存，这些层非常适合神经网络分析。

ChatGPT框架采用强化学习方法来增强模型与用户交互时的响应。然后，它会获得有关其性能的反馈，并利用该反馈来改进其情境性响应。

开发人员可以使用API（Application Programming Interface，应用程序编程接口）轻松地将ChatGPT框架集成到他们的应用程序中，这使他们能够将模型的功能扩展到他们的服务和产品中。

ChatGPT框架旨在与各种语言无缝协作。这使其能够满足用户多样化的语言需求。

ChatGPT技术架构由深度学习、强化学习、注意力机制和伦理考量组成。这确保了该框架能够在自然语言处理任务中表现出色。

神经网络中 ChatGPT 的架构

如前所述，ChatGPT架构基于转换器模型，它彻底改变了自然语言处理领域。以下概述讨论了该架构在神经网络领域的重要性。

神经网络的输入层由接受用户基于文本的指令的部分组成。这些指令可以是查询或者消息。

文本输入被标记，被分解为更小的部分，例如子词（subword）或者单词。这允许模型执行结构化文本处理。

将编码文本转换为适合神经网络的格式是由嵌入层执行的。它将编码文本转换为神经网络可以理解和处理的数值向量。

ChatGPT架构的核心结构具有许多类似转换器的元素。

该模型的响应生成过程，涉及对输出标记采取解码技术。这些过程通常使用波束搜索（Beam Search）或者贪婪解码（Greedy Decoding）等算法来执行。提取选定的标记后，模型的响应将以人类可读的形式写入。

通过强化学习和微调，ChatGPT可以提高其在特定任务和领域的性能。此过程还可用于改进模型对用户交互的响应。

　　转换器模型框架是ChatGPT的核心结构，用于自然语言的生成和理解。它是开发提供各种自然语言处理服务的应用程序的理想选择。

小　结

　　至此，本章结束。相信读者已经对ChatGPT技术（包括机器学习算法、自然语言处理和神经网络）有了历史性的了解。在接下来的章节中，读者将了解ChatGPT在软件开发、客户支持、创意写作、人力资源运营等方面的应用。

第 3 章

ChatGPT的实际应用

本章重点介绍ChatGPT的实际应用,通过实际用例来了解其优势。

我们将介绍软件开发、客户支持、人力资源运营、旅游和旅游业、运营、营销、销售、内容创建、翻译等方面的一些用例,以了解ChatGPT如何使用户受益并创造良好的用户体验。人工智能是一项有前途的技术,可以协助用户执行各种任务并可以自动化完成许多其他活动。

在本章中,我们将讨论ChatGPT在各个行业中最常见的用途。如果读者计划使用公司的数据来开发生成式人工智能,那么可以研究投资于训练和优化大语言模型。

软件开发

在软件开发中，可以将ChatGPT集成到工作流程或者应用程序中，以执行与自然语言处理相关的特定任务。我们将讨论如何以多种方式利用此功能。

- 你可以使用OpenAI的API或者Python平台的库。后者允许你直接通过编写代码与ChatGPT模型进行交互。
- 要使用OpenAI API，你必须先进行注册。然后系统会要求你提供API密钥，该密钥将用于验证你的请求。
- 应使用指定的库或者端点发出API请求。它应包含你想要提供给ChatGPT模型的必要输入文本和指令。
- 在你发出API请求后，ChatGPT将响应发送给你。这将允许你收集和处理程序生成的数据。
- 为了最大限度地减少错误的影响并限制发送到API的

请求数量，你应该在代码中实现有效的错误处理和速率限制方法。

- 你可以将ChatGPT功能集成到你的应用程序或者开发流程中，用它来创建代码片段、提供用户界面、自动创建内容和提供支持。
- 应遵循全面的测试流程以确保集成正常工作。你还可以根据需求和用户体验调整参数和指令。
- 在将ChatGPT框架集成到你的应用程序或者工作流程之前，请确保你遵守OpenAI或者其他AI语言模型提供商的条款和条件。

如果你计划在应用程序开发中使用ChatGPT，请确保考虑它的各种偏见和局限性。你还必须确保所收集数据的安全和隐私受到保护。

图3-1展示了如何将ChatGPT的功能集成到现有的软件项目中。

如图3-1所示，步骤如下：

1. 你的软件应用程序向ChatGPT发出的API请求由提示和你想要提供给语言模型的特定设置或者指令组成。

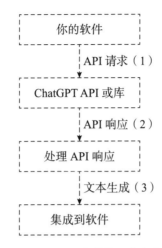

图3-1 ChatGPT在软件开发中的用法

2.处理请求后,ChatGPT会生成响应。它包含由模型根据用户提供的输入生成的输出。

3.然后,你的应用程序会处理API响应,以检索ChatGPT生成的输出或者信息。

4. ChatGPT的输出可能包括翻译、代码生成、文本补齐或者其他与语言相关的任务,并且可以在你的应用程序中使用。

5. ChatGPT的输出可以根据需要集成到你的应用程序中。这可以通过使用对用户更自然的方式显示它来完成,或者可以将其用作自动化内容创建过程的一部分。

客户支持

将ChatGPT集成到客户支持部门，可以改善与客户的互动，并提供更好的服务。

1.在客户支持部门开始使用ChatGPT之前，请确定它可以提供帮助的各种用例。例如，它可用于为常见问题提供有用的答案，或者指导用户进行故障排除。

2.在支持部门使用ChatGPT之前，请确保模型已根据历史数据进行彻底调整。这样做将使其能够了解贵公司支持运营的情境和语言。

3.为ChatGPT创建一个用户界面，允许人工支持人员与其交互。这可以通过集成到现有软件或者单独仪表板中的界面来完成。

4.ChatGPT可以通过提供常见问题的预定义答案来自动处理客户查询。这可以帮助解放人工支持人员，以专注于更复杂的问题并改善客户服务。

5.升级机制将允许人工支持人员接受来自ChatGPT的更敏感或者更具挑战性的询问，并以更适当的方式处理此类问题。这将确保客户得到他们需要的个性化关注。

6.在支持部门实施ChatGPT时，应该采取的最重要步骤之一是让经过培训的人员审查和监督系统生成的响应。这将有助于确保响应正确无误。

7.定期收集客户和支持人员关于ChatGPT性能的反馈，遵循持续改进策略。这将帮助改进模型并满足客户的需求。

8.在支持查询期间提供有关ChatGPT使用的信息可以帮助客户感到受到重视并鼓励他们与聊天机器人交谈。如果客户更愿意与人工支持人员交谈，应简化程序，快速响应，减少客户的挫败感。

9.处理敏感数据时，请确保ChatGPT已经过训练和配置，可以以安全的方式进行处理。如有必要，可以采取匿名化措施。

10.遵循定期维护策略，确保ChatGPT保持最新的支持数据。这将使企业能够不断改进模型并满足客户的需求。

将ChatGPT集成到客户支持功能中可以带来更好的服务和更高的效率。但重要的是要在自动化需求和人工支持之间取得平衡，以保证为客户提供良好的体验。图3-2说明了在客户支持部门使用ChatGPT的步骤。

图3-2 客户支持如何采用ChatGPT的流程图

该图表示以下内容：

1. 用户可以使用ChatGPT通过电子邮件、聊天或者其他形式的交流发起查询支持。

2. ChatGPT模型接受客户的查询并使用其语言功能生成响应。

3. ChatGPT针对简单、常见的询问提供预定义的答复，这有助于系统自动处理此类问题。

4. 如果聊天请求是敏感的，或者客户有复杂的问题，

ChatGPT可以自动将查询转给人工支持人员。

5.转移的查询将转发给客户支持小组内的人工支持人员，由其处理对话。

6.人工支持人员通过个性化答案来响应查询，解决客户的复杂问题。

7.人工支持过程将持续到客户的问题得到解决。

这种方法帮助企业处理日常询问，同时提供对敏感或者复杂问题的个性化响应选项。除了减少人工支持人员的工作量之外，这种方法还将增强客户体验并缩短响应时间。

人力资源运营

在ChatGPT的帮助下，人力资源运营部门可以优化流程并提高效率。有多种方法可以在公司中实现此功能。

1.ChatGPT可用于与求职者联系并收集有关他们的可工作时间、经验和资格的信息。这将有助于识别某些职位的理想候选人。

2.将ChatGPT集成到求职门户或者职业网站中，可以为候选人提供有关申请流程、福利和公司文化的深入说明。

3. 由ChatGPT提供支持的员工入职助理可以帮助新员工浏览整个流程，并为他们提供必要的信息和疑问的答案。

4. 由ChatGPT驱动的员工发展助理将提供相关资源和培训材料，帮助员工获取新知识和技能。

5. ChatGPT可用于向员工提供有关公司政策的详细信息，包括福利和休假政策。

6. 在绩效管理中使用ChatGPT将有助于提醒员工即将进行的审核、截止日期和提高绩效的策略。

7. 可以通过调查收集员工反馈，并使用ChatGPT深入了解他们的敬业度和满意度。

8. 创建由ChatGPT提供支持的人力资源帮助台，可以为员工提供常见查询帮助，例如访问工资记录和请假。

9. ChatGPT可以促进离职面谈和入职培训。这将帮助员工了解离职流程，同时收集有价值的反馈。

10. ChatGPT可以与绩效管理系统集成来表彰成就，通知员工公司活动情况，并为他们提供表彰信息和奖励。

11. 如果你的公司拥有国际员工，你可以利用ChatGPT与他们进行交流。

12. ChatGPT可用于生成与员工绩效、休假摘要和劳动力分析相关的报告。

虽然ChatGPT可能有助于完成各种人力资源任务，但是它必须有人类员工的努力补充才能取得成功。另外，需要注意的是，在处理敏感事务时，ChatGPT不应取代人类工作人员的参与和监督。

旅游和旅游业

ChatGPT平台可用于旅游业，以增强旅行者和其他利益相关者的体验。

1.作为虚拟导游，ChatGPT可以帮助旅行者根据自己的喜好找到当地的事件、活动和景点。

2. ChatGPT可以通过建议理想的行程、提供转乘信息以及提供对不同地点的理想旅行日期的深入了解来帮助个人制订旅行计划。

3. ChatGPT可帮助旅行者克服语言障碍，与当地人交谈。

4.旅行者可以利用ChatGPT研究目的地，了解其历史、习俗和安全指南。

5. ChatGPT还可以为用户提供实时天气报告，让用户根据天气情况计划行程。

6. 通知和旅行提醒可以通过ChatGPT发送，如有关登机口变更、航班延误等信息。

7. 用户可根据自己的预算要求ChatGPT推荐住宿和提供酒店。

8. 用户可以收到有关当地节日和活动的通知。

9. ChatGPT可以推荐当地满足特定饮食要求的场所和菜肴。

10. ChatGPT可以提供有用的旅行建议，例如紧急电话号码和旅行保险的详细信息，以帮助乘客安全地畅游世界。

11. 用户可以通过ChatGPT获得其他人的旅行推荐和评论，以帮助用户在旅行时作出明智的决定。

12. ChatGPT支持可持续实践，鼓励个人在旅行时作出促进生态友好的选择。

13. ChatGPT可以为无法亲自访问某些地点的旅行者提供沉浸式体验和虚拟游览。

14. 旅游组织和机构可以利用ChatGPT高效地提供帮助和回答问题。

通过将ChatGPT技术融入旅游领域（见图3-3），企业可以为旅行者提供个性化和及时的帮助，提高客户满意度，改善旅行体验。

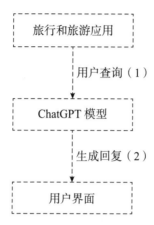

图3-3　旅游和旅游业使用ChatGPT的流程图

对该图说明如下：

1.当旅行者与旅游应用程序交互时，系统会提供查询以获取与其旅行相关的更多信息或者指导。

2.用户的查询被发送到ChatGPT框架，该框架会考虑输入并根据其对语言的理解生成响应。

3.ChatGPT框架会生成一个响应，其中包括建议、旅行行程以及基于旅行者查询的其他相关详细信息。

4.使用旅游应用程序的用户界面将生成的响应呈现给旅行者，该界面可以通过各种平台访问，例如网页、聊天窗口或者移动应用程序。

旅行者可以与ChatGPT对话，接收个性化推荐、行程、语言翻译、安全提示、当地活动更新以及其他有用的详细信息，让他们的旅行更加愉快。ChatGPT可以充当虚拟助手，提供宝贵的见解和帮助，使旅行者的旅行更加明智和愉快。

运 营

ChatGPT可以帮助组织提高效率并简化各种流程。

1.用户查询被发送到ChatGPT框架，该框架会考虑输入并根据其对语言的理解生成响应。

2. ChatGPT框架生成旨在提供所请求的信息或者指令的响应。

3.将ChatGPT集成到操作流程中可以简化任务并减少人工干预。

4. ChatGPT可以帮助进行语言翻译，从而可以促进与利益相关者和国际合作伙伴更好地交流。

5. ChatGPT还可以提供常见问题解答和知识库帮助，这将使员工能够快速找到常见问题的答案。

6.作为入职助理，ChatGPT可以帮助新员工熟悉整个流程，并为他们提供必要的培训材料。

7. ChatGPT还能够分析和提供数据洞察，以帮助改进商业决策。

8. 将ChatGPT集成到项目管理应用程序中，可以让团队成员跟踪项目的状态。

9. ChatGPT可用于供应链功能的管理，例如订单优化和库存跟踪。

10. ChatGPT可用于进行检查和质量控制，以确保遵守某些标准。

11. ChatGPT还可以为员工提供故障排除帮助和IT支持。

12. 人力资源功能可以由ChatGPT处理，包括进行访谈、收集员工反馈以及进行政策查询。

13. ChatGPT可以帮助监管合规和风险评估。

14. ChatGPT可以处理采购流程的管理，包括与供应商的交流。

15. ChatGPT可以分析关键绩效指标并生成报告。

在运营环境中贯彻落实ChatGPT之前，确保数据安全和隐私受到保护非常重要。此外，还应定期进行绩效评估。通过将ChatGPT集成到某些流程中，可以增强客户体验、提高效率并优化商业运营。

图3-4展示的是采用ChatGPT进行运营管理的流程。

图3-4 使用ChatGPT进行运营管理的流程图

通过将ChatGPT集成到运营环境中,可以改进组织的流程并为消费者提供更好的支持。尽管如此,确保数据安全,牢记人类监督使命，并仔细评估ChatGPT在某些情况下的有效性和效率是至关重要的。

营　销

ChatGPT可用于营销，以提供定制化体验、优化营销活动并吸引消费者。

1. ChatGPT是一个聊天机器人平台，使组织能够通过对话实时与客户互动并向他们提供产品信息。

2. ChatGPT可用于为各种营销材料创建内容，包括博客文章、时事通讯和社交媒体更新。

3. 通过利用ChatGPT和人工智能，公司可以构思定制化的推荐系统，通过分析客户过去的行为和偏好来推荐商品或者服务。

4. 使用ChatGPT提供调查、互动测验或者其他可以吸引参与者的形式来产生潜在客户。

5. 通过ChatGPT进行调查并收集反馈，以根据从客户那里获得的反馈来改进服务或者商品。

6. ChatGPT可以集成到组织的社交媒体管理平台中，以处理常见问题、回复消息并与关注者互动。

7. 使用ChatGPT进行电子邮件营销，根据每个客户的喜好创建动态和个性化的内容。

8. ChatGPT可用于生成和测试广告文案的变化，以提高其在线营销活动的有效性。

9. ChatGPT可用于头脑风暴会议，提出营销活动、登录页面和产品功能的测试概念。

10. ChatGPT可以通过处理大量文本数据来分析客户情绪和市场趋势。

11. 公司可以通过ChatGPT细分客户，利用该平台的功能，根据受众的兴趣、行为和偏好来分析和定位受众。

12. 可以使用ChatGPT创建虚拟大使或者网红，他们可以代表品牌并与消费者互动。

13. 在聊天中进行竞赛和促销活动，以激发人们对品牌的兴趣并鼓励客户参与。

14. 可以通过ChatGPT实现交叉销售和追加销售，因为它可以让企业根据消费者历史购买记录识别向消费者销售的机会。

15. 通过ChatGPT监控社交媒体对话和趋势，企业可以跟踪客户的偏好和兴趣。

使用ChatGPT进行营销时请确保保持透明度（如图3-5所示），因为客户应该了解系统的工作原理。企业还应该定期评估此类策略的有效性，看看它们的表现如何。

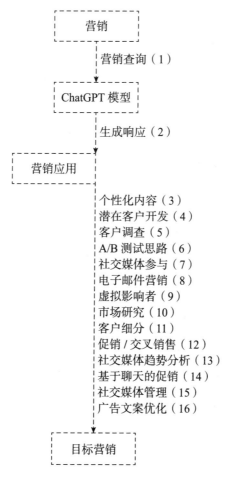

图3-5 使用ChatGPT进行营销活动的流程图

如图3-5所示，营销查询是公司为改进其广告文案或者创建内容而提出的请求或者要求。此措施通常涉及进行调查或者客户参与。流程如下。

1. ChatGPT模型接受营销查询并处理输入。然后，它根据对语言的理解生成相关的响应。

2. ChatGPT生成响应，为营销查询提供解决方案或者信息。

3. 将生成的响应合并到营销应用程序中，该应用程序执行各种任务和策略。

4. 通过实施基于聊天的竞赛和促销活动，公司可以围绕其品牌建立知名度并鼓励客户参与。

5. 社交媒体管理可以通过利用ChatGPT处理常见问题、消息和评论来实现，所有这些都可以促进积极的客户参与。

6. ChatGPT可用于测试和改进广告文案变体，从而使公司能够优化其营销工作。

将ChatGPT集成到公司的营销工作中可以改善客户互动、定制化内容创建方法以及更好地利用数据驱动决策。

销　售

ChatGPT可以帮助销售专业人员改善客户互动并简化运营。在销售管理中可以通过多种方式使用此工具。

1. ChatGPT可以帮助销售专业人员通过收集必要的信息，确定潜在客户的资格，然后将其发送给销售代表。

2. ChatGPT还可以通过提供定制化内容和跟进消息来帮助销售专业人员培养潜在客户。

3. 创建一个由ChatGPT提供支持的销售助理，可以回答常见问题并提供有用的产品信息。

4. 销售专业人员可以使用ChatGPT以个性化的方式与客户互动，并根据他们的喜好提供建议。

5. 销售专业人员可以用ChatGPT分析历史数据和市场趋势，这可以帮助他们作出更好的决策并改进他们的销售预测。

6. 可以通过ChatGPT来识别交叉销售和追加销售机会。这个工具可以用于分析消费者的购买习惯和购买历史。

7. ChatGPT竞争对手分析可让销售团队评估定价、策略和竞争对手活动，以作出更好的决策。

8. 用ChatGPT进行销售绩效分析，提高销售团队效率。

9. ChatGPT可以用来收集售后活动的反馈，这有助于提高消费者的满意度和改进销售过程。

10. 构建一个由ChatGPT提供支持的虚拟助理，可以帮助销售代表完成销售流程并提供有用的小提示。

11. 可以使用ChatGPT为销售代表提供资源和培训材料，确保持续改进。

12. ChatGPT可以集成到报价生成系统中，使销售人员能够快速生成准确的报价。

13. 销售会议的安排可以在ChatGPT的帮助下简化，它允许用户设置会议并安排演示和后续活动。

14. 借助ChatGPT可以识别销售漏斗中的机会和瓶颈。

15. ChatGPT可用于生成报告并提供可用于完善销售策略的见解。

在将ChatGPT用于销售管理时（见图3-6），人机交互和自动化之间必须保持适当的平衡。

销售专业人员仍然需要参与建立关系和处理复杂的交易。为了确保ChatGPT满足公司的需求，应定期对其进行评估和改进。

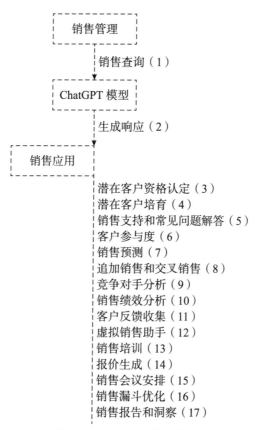

图3-6 使用ChatGPT进行销售管理的流程图

如图3-6所示,销售查询是一个以潜在客户的信息请求为起点的流程。它还可以包括潜在客户查询与销售相关的问题。流程如下。

1. ChatGPT模型接受销售查询并处理输入。然后,它会根据对语言的理解生成一个响应。

2. ChatGPT模型生成响应，为销售相关问题提供实用的解决方案或者数据。

3. 将生成的响应合并到销售应用程序中，该应用程序执行各种销售策略和任务。

将ChatGPT集成到组织的销售管理系统中可以帮助简化流程、增加客户互动并优化销售策略，以实现卓越的成果并提高消费者满意度。必须定期评估ChatGPT的有效性并不断改善系统，以适应特定的业务需求和销售手法。

内 容 创 建

内容创建过程涉及创建不同类型的书面或者数字内容，例如博客、视频、信息图表和文章。此类工作的主要目标是提供引人入胜、信息丰富且有趣的内容，以吸引特定受众。

在创建内容之前，确定目标受众很重要，这将有助于确定应该创建什么类型的内容。内容应该有明确的目的，例如用于娱乐、教育、通知、产生潜在客户、推广产品或者提高品牌知名度。

在开始内容创建之前，彻底研究所选话题或者主题非常重要。此步骤可以帮助提供必要的信息,使内容更加有效。

在创建阶段,根据媒介的不同,可能涉及处理文章、视频、录音、信息图表等。校对和编辑是确保高质量输出的两个最关键的步骤。它们有助于识别拼写和语法错误,确保连贯性和准确性。

搜索引擎优化是一个可以帮助提高网站知名度并吸引更多潜在客户的过程。内容的分发和发布可以在博客、社交媒体和网站等各种平台上进行。还可以利用不同的策略来吸引更广泛的受众。

社交媒体推广、电子邮件营销和协作是可以用来提高参与度并接触更多人的一些方法。通过网络分析等分析工具,你可以监控内容的有效性并衡量其影响力和参与度,从而帮助你作出更改以在未来进行改进。

内容制作的一致性对于保持目标受众的参与度和实现目标非常重要。这涉及研究、创造力以及对目标受众的偏好和行为的理解。

ChatGPT用于内容创建,如图3-7和图3-8所示。

图3-7　命令提示

> 请写一篇关于可持续发展的博客

可持续发展：为未来铺就绿色之路

在当今这个快速变化的世界中，"可持续发展"这一概念越来越受到重视。它不仅关乎环境保护，更涉及经济增长、社会公平和文化多样性等多个方面。可持续发展的目标是满足当代人的需求，而不损害后代人满足其自身需求的能力。这一理念为我们提供了一条通往更美好未来的道路。

1. 可持续发展的三个支柱

可持续发展通常被视为由三个相互关联的支柱组成：

- **经济可持续性**：经济活动应在不破坏自然资源的前提下进行，以确保长期的经济增长和繁荣。这意味着企业需要采用环保的生产方式，推动绿色技术创新，以实现资源的高效利用。
- **社会可持续性**：社会的可持续性强调公平与包容。每个人都应享有平等的机会，获得教育、医疗和其他基本服务。只有在一个公正的社会中，才能实现真正意义上的可持续发展。
- **环境可持续性**：这是可持续发展的核心。保护生态系统、减少污染、应对气候变化是确保地球未来健康的重要措施。通过推广可再生能源、减少碳排放和保护生物多样性，我们能够为子孙后代留下一个更美好的地球。

2. 可持续发展的重要性

图 3-8　用 ChatGPT 创建博客[①]

翻　译

使用 ChatGPT 进行翻译（参见图 3-9）涉及利用其生成功能。虽然它主要关注自然语言理解，但它仍然可以用于不同语言之间的翻译。

---

① 译者注：ChatGPT 可以基于不同的指令创建相关内容。

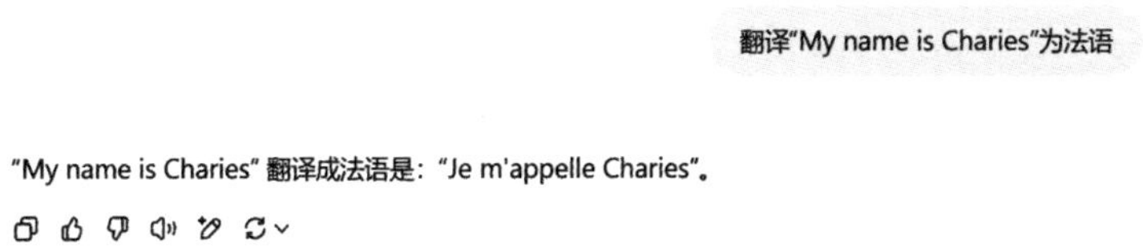

> 翻译"My name is Charies"为法语

"My name is Charies" 翻译成法语是："Je m'appelle Charies"。

图3-9 将英语翻译成法语

可以按照以下步骤使用ChatGPT进行翻译：

1.在开始项目之前，请确保提供要翻译的文本。例如，如果要将英语文本更改为法语，则必须首先指定目标语言。

2.可以通过编程库或者应用程序编程接口（API）与ChatGPT进行交互。OpenAI提供了可用于生成语言生成请求的API。发送源文本后，你必须将指令翻译成所需的语言。

3.收到ChatGPT响应后，将翻译后的文本进行后处理。此过程可以根据项目的要求进行。

4.虽然ChatGPT可以执行基本的翻译，但是应该注意的是，它可能不如机器翻译系统——例如谷歌翻译——全面或者准确。对于更高级的翻译，最好是使用专门的模型。

5.截至2021年9月，ChatGPT仅针对其接受训练的支持语言执行语言翻译。

小　结

在本章中，你看到了ChatGPT在软件开发、客户支持、人力资源运营、旅游和旅游业、运营、营销、销售、内容创建和翻译等现实生活中的应用。每个现实生活中的用例都讨论了ChatGPT如何提高效率以及如何改善最终用户的用户体验。

第4章

使用ChatGPT加强商业交流

本章我们将重点讨论ChatGPT如何帮助企业以更自然、更有效的方式与客户互动。

释放效率和生产力

如今,企业要不断适应快节奏、以响应为导向的环境,因此,有效的交流是任何组织确保它能够与竞争对手进行有效竞争的重要战略组成部分。在科技不断取得进步的时代,不断改进的工具和资源正在被用来帮助改善交流。

人工智能和ChatGPT是技术进步如何帮助改善人们交流方式的两个例子。这些工具可以让个人和公司以完全不同的方式彼此互动。本节介绍了人工智能和ChatGPT如何帮助改善企业交流方式的各个方面,包括客户支持、营销电子邮件、与全球供应商打交道、内部交流和数据分析等。

■ 客户支持

对于任何公司,拥有一支良好的客户支持团队都是最重要的事情之一。但不幸的是,由于大量的查询和无法访问的情况发生,许多企业都挣扎于维持有效的支持服务。对于最需要帮助的客户来说，获取客户支持可能具有挑战性。

由于查询数量不断增加以及支持流程的复杂性，Spotify、Mastercard International（万事达卡国际组织）和Lyft（来福车，美国打车应用软件）等现在都在使用人工智能聊天机器人来改善客户服务。这些互动平台能够回答各种问题并在短短几秒钟内提供有用的建议。

通过使用这些互动平台，客户不再需要等待人工回答。相反，他们可以直接向聊天机器人询问他们关切的问题。

■ 营销电子邮件

在当今快节奏的世界中，有效的营销交流至关重要。人工智能已经成为游戏规则的改变者，其中最具革命性的应用程序之一是ChatGPT。后者可以改善公司宣传自己的方式。

ChatGPT使公司能够通过实时建议和简化的写作流程创建有效的营销电子邮件，帮助商业交流者提高写作技巧。

专业人士在创建有效的电子邮件时面临的最大挑战之一是找到正确的内容。有了ChatGPT的帮助，他们可以轻松创建引人入胜的内容，吸引潜在客户的注意力。

借助ChatGPT，他们可以轻松修正语法错误、改进措辞，并微调电子邮件的语气。这确保了他们的交流是专业的并且符合他们的品牌形象。

企业在对外建立牢固的联系时考虑的重要因素之一是确保他们的对外发言一致。在ChatGPT的帮助下，他们可以轻松地使用一致的措辞，并确保他们的电子邮件符合他们的整体交流策略。

在使用ChatGPT的服务撰写任何类型的电子邮件之前，请确保已有明确定义的目标。这将确保生成的内容能够满足需求。

向ChatGPT提供情境，将得到更准确和相关的建议。解释电子邮件的背景、目的和语气，有利于人工智能感知需求。

虽然ChatGPT提供了简化的电子邮件编写流程，但是审查和调整人工智能生成的内容仍然很重要。这样做将确保最终信息与品牌信息保持一致。

■ 与全球供应商打交道

在当今全球化的世界中，企业业务范围跨越多国。借助ChatGPT的翻译功能，企业可以用不同的语言与其合作伙伴、利益相关者和客户联系，这有助于促进国际合作并弥合语言鸿沟。

■ 内部交流

任何公司在改善内部交流时应考虑的重要因素之一就是有效的协作。在ChatGPT的帮助下，员工只需点击几下即可轻松安排会议并发送提醒。

公司内部一些自动化交流将使员工能够专注于重要的任务和会议，从而带来更好的销售和服务。

■ 数据分析与洞察

ChatGPT可以分析和解释大量的数字和文本数据，然后根据其收集的信息得出有用的结论。此类系统还可以识别用户在社交媒体和日常对话中的交流趋势和模式。

通过ChatGPT，企业可以通过收集和分析客户反馈，来作出明智的决策并提高其产品和服务的质量。电子商务公司可以利用这个平台，通过分析客户评论来识别其客户的需求以及他们应当如何调整产品模型以满足不断变化的市场。

ChatGPT的目标是帮助企业提高客户满意度，使企业能够获得领先于竞争对手并跟上市场变化所需的精确数据。

将人工智能和ChatGPT集成到商业交流中，可以帮助改善人们与公司互动的方式。人工智能可以帮助组织改进其内部流程，包括提供多语言帮助、数据分析和客户支持。

通过将ChatGPT和人工智能集成到其运营中，企业可以改进其流程并为客户提供最好的服务，还可以与员工保持积极的关系。随着人工智能和其他技术的不断发展，企业应该准备好利用这些工具来创造新的机会。

自动化交流

在当今竞争激烈的环境中，有效的交流至关重要。无论是与客户、与员工，还是在团队内部，能够快速有效地传达信息对于取得成功至关重要。如果我们能够将企业所需的一些交流自动化，从而为其他任务释放宝贵的资源，那会怎样呢？

ChatGPT利用人工智能和机器学习来创建和理解类人内容，它可用于自动执行各种任务，例如回复电子邮件和回答客户支持查询。

ChatGPT理解自然语言的能力非常重要，这使它能够以类似于人类的方式与他人交谈，因而成为寻求改善交流工作的组织的理想工具。

■ 客户服务自动化

本部分探讨ChatGPT在增强客户支持交互方面的各种应用，包括电子邮件通信、聊天机器人和脚本生成。ChatGPT有诸多潜在的优势，包括提高效率、提高客户满意度和提供24小时随叫随到服务。

在客户服务中，ChatGPT通常用于训练聊天机器人。聊天机器人是模拟人类对话的计算机程序。它们可以被集成到组织的应用程序或者网站中，回答问题并解决常见问题。

ChatGPT在客户支持中最常见的用途之一是电子邮件自动化。它可用于理解和回复客户发送的电子邮件，这有助于企业处理更多的查询。

此外，ChatGPT可用于生成供客户服务工作人员使用的脚本，以提供准确且一致的常见问题解答。这种方法可以为消费者带来更愉快的体验并提高他们的满意度。

■ 内部交流自动化

本部分讨论利用 ChatGPT 实现组织内部交流自动化的优势。

ChatGPT 重要的优势之一是能够提高内部交流的效率。它可以用来使各种任务自动化,例如安排会议和发送提醒消息。这可以帮助员工专注于更重要的事务。

ChatGPT 另一个重要的好处是能够提高内部交流的一致性。它能够分析和响应组织发送的消息中使用的语言。这确保了所有交流都与公司的品牌和消息一致。

交流自动化可以减少人为错误。比如,ChatGPT 可用于发送重要提醒和更新,这有助于最大限度地减少重要信息被忽视或者错过的概率。

在开始使用 ChatGPT 之前,确定自动化的各种任务和流程非常重要,这包括内容的创建、内部交流和客户服务。之后,ChatGPT 模型将接受如何理解组织所使用的语气和语言的训练。

将 ChatGPT 集成到现有流程后,就可以测试集成了。这可能涉及将聊天机器人集成到公司的应用程序或者网站中,或者将其集成到可以自动响应的电子邮件系统中。进行必要的更改并确保集成顺利进行至关重要。

组织必须为ChatGPT制定维护和监控计划。这包括跟踪其进展、确定增长领域，以及不断训练聊天机器人以提高其效率。

要向利益相关者和员工通报ChatGPT功能变化情况及其对他们的影响。

ChatGPT的技术发展

未来，ChatGPT或许能够比现在更有效地处理自然语言。这将使它能够响应不同类型的表达方式，并为公司提供更加丰富的服务。

一项可行的进步是将计算机视觉技术集成到ChatGPT中，使其能够理解并响应文本和视觉信息，为物体和图像的自动识别带来新的可能。

未来，ChatGPT可能会以更加个性化的方式作出响应，生成更加类似于人类的对话。

随着人工智能和机器学习的发展，未来可能出现更高效、更强大的语言模型，这将增强ChatGPT的功能。

使用ChatGPT进行商业交流自动化的优点和缺点

公司的成功取决于有效的交流。过去，这种交流通常很正式，缺乏个人风格，导致对话生硬、没有人情味。随着ChatGPT的出现，商业交流不再如此。

■ 优点

ChatGPT具有理解情境、以同理心进行响应，并根据用户偏好进行调整的能力，是一款改变游戏规则的创新程序。它可以以人性化的方式与人进行对话，拉近利益相关者和企业之间的距离。

ChatGPT的主要优势之一是它能够提高各种商业功能的生产力。它可以处理日常任务并协助内部运营，从而可以释放人力资源来处理更复杂的工作。通过使重复活动自动化，ChatGPT能帮助企业降低成本并改进工作流程。

由于当今商业环境的快节奏，企业快速、准确地作出决策非常重要。ChatGPT可以在几秒钟内分析大量数据，提供可操作的建议和见解来帮助企业领先于竞争对手。它还可以模拟场景并提供预测分析，帮助企业识别潜在的机会和风险。

与利益相关者和客户的牢固关系对于企业的成功至关重要。借助ChatGPT，企业可以通过了解客户的需求并提供适合他们的建议，来提升客户的体验。ChatGPT的多语言能力还可以帮助企业与来自不同国家的客户互动并克服语言障碍。

ChatGPT的兴起也可能带来伦理问题，例如通过收集和处理网站数据而涉及的隐私和个人数据方面的伦理问题。为了确保其开发以负责任的方式进行，OpenAI采取了各种措施来建立透明度政策和问责制。使用ChatGPT的组织应优先考虑保护用户隐私，并遵循其他伦理指引，例如获取用户同意和减少偏见内容。就有效利用ChatGPT而言，公司在效率与伦理考虑之间取得平衡非常重要。

ChatGPT的出现标志着商业交流新时代的开始。它使组织能够提高其效率，以更有意义的方式与客户联系；开发新的想法；创造新的商业机会。

■ 缺点

第一，使用ChatGPT的成本是需要考虑的重要方面。虽然它可以帮助企业节省时间和资源，但是它也可能带来大量的训练和集成费用。

第二，有出现错误或者不准确的可能性。尽管ChatGPT是一个强大的工具，但它仍然是一个机器学习模型，并不总是提供正确的响应。拥有一个可以监控和纠正这些错误的系统也很重要。

第三，ChatGPT的局限性之一是它无法响应某些类型的交流。对于从事特定领域业务的公司来说，这可能尤其成问题。

第四，企业收集的数据的安全性。由于ChatGPT需要大量数据进行训练，因此企业很难与其他企业共享这些信息。

第五，切记，伦理考虑必须始终放在首位。

ChatGPT如何改变商业交流

借助ChatGPT，企业现在可以改善与员工、合作伙伴和客户的互动方式。ChatGPT利用人工智能和自然语言处理的力量来使对话自动化，提供定制的客户体验，并在短短几秒钟内回答查询，是一种经济高效的工具，最终能够改善客户体验。

企业可以利用ChatGPT增强客户服务。通过使用基于人工智能的方法，ChatGPT可以分析数据并产生可能激发客户兴趣、培养客户关系并提高客户忠诚度的定制化响应。

企业可以通过使用ChatGPT来降低客户服务费用。它使企业能够通过自动化对话来减少对人员的需求和相关成本，从而提高企业利润。

总的来说，ChatGPT彻底改变了企业与其员工、客户和合作伙伴互动的方式。尽管有一些缺点，但是ChatGPT的积极方面大于其消极方面。

在使用ChatGPT之前，必须了解基于人工智能的交流的基础知识。这包括理解该技术的功能，以及如何利用它来吸引消费者。

企业可以利用客户数据提供定制化服务，例如提供特价商品和个性化推荐。然后创建一个聊天机器人，让客户以自然的方式与其交互。

为了确保聊天机器人为其用户带来良好的体验，企业可以通过分析反馈并根据需要调整聊天机器人来实现。

遵循这些实践流程可以改善客户体验并提高他们与ChatGPT的互动。企业可以利用这种创新的交流技术提供更加个性化和熟练的帮助。

各种业务流程，例如数据录入、潜在客户开发和客户服务，都可以通过ChatGPT实现自动化。此过程可以帮助企业节省金钱和时间，同时提高客户满意度。

总的来说，ChatGPT极大地影响了人们之间的互动方式。它使人们能够更加自然、有效地说话，也为企业提供了新的机遇。随着这项技术的不断发展，它将对人类互动产生更大的影响。

小 结

人工智能驱动的交流的兴起，彻底改变了企业与员工、客户的互动方式。ChatGPT是一种领先的语言模型，使自动化系统能够响应和理解客户的查询。随着技术的不断进步，它有望成为未来商业交流的重要组成部分。

利用ChatGPT，企业可以通过自动化以对话方式学习和了解客户的问题,从而改善客户服务并提供更自然和个性化的体验。这大大缓解了人工干预的压力,并帮助企业实现更积极的客户体验。

此外,ChatGPT可用于使各种销售和营销流程自动化。例如,它可用于分析客户的对话以识别趋势和模式,从而改善客户体验。ChatGPT本质上具有专注于趋势和模式的分析能力。

然而,有一些问题可能会阻止ChatGPT成功完成任务。例如,如果它收集的信息不是最新的,其结果可能会产生误导或者不准确。此外,它可能无法正确解释复杂的客户询问,这可能会导致客户不满。

第 5 章

在商业中实施人工智能对话

本章我们将介绍如何将ChatGPT与业务运营集成，以改善客户服务、营销和生产力。

为什么要集成ChatGPT?

将ChatGPT集成到现有软件解决方案中可以带来众多优势。本节介绍企业通过将ChatGPT集成到其现有软件中可以获得的最重要的优势。

提供一流的客户支持对任何企业都很重要,但是管理此类问题可能既耗时又昂贵。ChatGPT使企业能够通过聊天机器人全天候为客户提供个性化的响应。

ChatGPT可以帮助企业为其客户提供及时、准确的答案,并且可以处理需要更多思考和分析的复杂查询。该聊天机器人建立在学习框架之上,这使它能够处理更复杂的主题。

它可以进行定制,以了解某些行业的行话和常用语言,这对企业来说很重要,因为它们经常使用其行业特有的术语。

此外,它还可以兼容多语言模型,使企业能够在接触那些不常说英语的消费者时,就像接触说英语的客户一样。这对跨国公司尤其有利。

通过创建可与第三方应用程序——例如IBM、Microsoft和Salesforce（美国客户关系管理软件服务提供商）的应用程序——无缝协作的定制性聊天机器人，企业可以轻松地将ChatGPT集成到现有系统中。

要实施此集成，公司必须拥有Salesforce开发人员账户和ChatGPT账户，然后生成API密钥，这将允许他们将ChatGPT集成到现有系统中。API将提供一组指令，帮助公司的应用程序与其他工具或者应用程序进行通信。

将ChatGPT与企业的现有系统集成可以为消费者带来更加简化和个性化的体验。这将提高客户的忠诚度和满意度，并最大限度地减少企业执行日常支持职能所花费的时间和资源。

ChatGPT使企业能够通过使重复性任务自动化来提高效率和生产力，从而使团队能够专注于更重要的活动。通过将ChatGPT与现有系统集成，组织可以设置提示，帮助团队保持有效交流。这可以加快项目完成速度并减少延误。

企业在实施ChatGPT时考虑的重要因素之一是它创建多个文本数组的能力。这将使他们能够腾出时间并专注于更复杂的问题。通过使用客户数据配置ChatGPT，企业可以提高

ChatGPT 的准确性并减少误报数量。

通过 ChatGPT，企业可以收集和分析反馈和客户互动，使他们得以识别和解决运营中的差距并吸引到更多客户。他们还可以通过比较实施 ChatGPT 前后的客户满意度来测试其有效性。

未来，我们预计 ChatGPT 将成为企业运营中更不可或缺的一部分，因为它能够使企业提高效率并为企业提供更有效和个性化的服务。随着此类服务的需求不断增长，ChatGPT 将在提高客户满意度方面发挥至关重要的作用。

ChatGPT 集成服务

ChatGPT 提供的集成服务旨在帮助企业将该程序无缝集成到它现有的应用程序和平台中，这些服务可确保企业流畅体验 ChatGPT 并使 ChatGPT 发挥最佳性能。

ChatGPT 提供的各种集成服务包括聊天机器人的创建、API 集成以及平台定制。除此之外，它还可以提供训练和微调等其他服务来帮助提高平台的性能。

ChatGPT 提供的集成服务可帮助企业轻松地将平台的功

能集成到其现有的基础设施中。

实施ChatGPT可以帮助促进数字工作场所运营,带来诸多好处:

- ChatGPT使组织能够为其客户提供更高效、更个性化的服务。它还可以处理更多查询,从而进行迅速响应并提升客户满意度。
- ChatGPT使企业能够从庞大的知识库中快速检索和分发信息,从而能够立即响应客户的查询。这确保了信息的快速传播,并有助于扩大业务。
- 借助ChatGPT,企业可以优化运营流程并更有效地分配资源。它还能处理大量重复性任务并帮助企业应对扩大规模的需求。
- 企业可以通过使用ChatGPT打造令人难忘的客户体验来改善其品牌形象。随着企业的发展,增强个性化互动可以建立忠诚度并吸引新客户。
- 公司可以通过ChatGPT提供24小时客户支持。此功能可确保随时为不同时区的客户提供帮助。
- ChatGPT消除了对大型支持人员团队的需求,从而降低了运营成本。它还可以在不增加费用的情况下扩大规模。

- 通过ChatGPT，企业可以收集和分析客户互动，从而更深入地了解客户的行为。这些分析可以帮助企业作出更明智的决策并适应不断发展的市场带来的变化。
- 通过将日常工作转移到ChatGPT，员工可以专注于更有利可图的任务，从而提高他们的生产力。
- 企业可以根据其特定需求创建自定义聊天机器人，以提高运营效率。

各行业的用例

基于人工智能的聊天机器人集成在各个行业都有很多用例。我们选择8个代表性行业以供参考。

■ 卫生保健

通过ChatGPT，医疗保健提供者可以提供症状分析和虚拟患者支持，并回答常见的医疗查询。ChatGPT的集成将使聊天机器人能够根据患者的症状提供初步诊断，帮助用户了解他们的身体状况，并提出可能的后续措施建议。

▓ 房地产

在房地产行业，聊天机器人技术的集成将使聊天机器人能够对潜在买家的查询提供个性化响应。

虚拟房地产经纪人可以通过将 ChatGPT 集成到其平台中，来处理房产查询和安排看房。

通过模拟人类对话，ChatGPT 可以帮助潜在买家找到满足他们需求的房产，并回答他们有关价格和位置的查询。

▓ 金融

金融机构可以通过将 ChatGPT 集成到其平台中来提供个性化建议。金融科技公司还可以创建公司账户，以便就客户的银行查询为他们提供答案。

例如，在线银行应用程序可以集成 ChatGPT 来处理各种金融交易，例如转账或者进行余额查询。

▓ 教育

在线教育培训平台可以集成 ChatGPT，提供基于聊天机器人的授课和考试解决方案。

ChatGPT可以通过提供虚拟导师、回答学生询问和提供解释来协助在线教育。它可以帮助学生完成作业或者就特定主题提供指导。

▍电子商务

聊天机器人可以帮助企业就客户的查询为客户提供实时答案。

将ChatGPT集成到电子商务网站或者平台中可以为消费者提供定制的支持体验，并实现订单跟踪和推荐。

电子商务公司可以使用ChatGPT根据用户的喜好推荐产品，并提供颜色或者尺寸建议。它还可以实时解决客户的疑虑。

ChatGPT的集成可以改善物流运营，因为它可以帮助进行货运跟踪、更新交付状态和查询包裹位置。

通过保持透明度，ChatGPT可以帮助公司向消费者提供相关且及时的信息，从而增强他们的体验。

▍旅游

将ChatGPT集成到旅行平台中，可以帮助用户计划旅行、搜索住宿，以及回答与景点和航班相关的查询。

旅游公司可以利用ChatGPT根据用户的喜好建议行程并协助安排旅行。

■ 人力资源

人力资源部门和员工管理部门可以利用ChatGPT来实现各种功能，如将ChatGPT技术集成到HR系统中，可以实现入职流程自动化，为员工提供福利和公司政策，并解决有关组织的问题。此外，它还可用于安排会议、生成报告并促进内部交流。

■ 娱乐

ChatGPT已被集成以促进内部交流和安排会议日程；ChatGPT可以通过提供定制化内容、设计互动游戏和提供虚拟角色来帮助增强体验。

除此之外，其他行业也可以从ChatGPT服务的集成中受益。领先的人工智能开发公司可以帮助组织提高运营的有效性，并实现流程自动化。它的可扩展性和多功能性使它成为公司的理想工具。

它可以自动分析和删除不合适的内容，根据用户的兴趣推荐相关内容，并迅速回复用户的查询。社交媒体平台可以从ChatGPT的使用中受益，因为它可以提高参与度、改善支持并促进内容审核。

ChatGPT的客户服务用例

通过与客户对话，企业能够识别并解决对客户体验产生负面影响的问题。参与的聊天越多，结果就越可靠。不幸的是，人工执行此任务不仅可能会花费大量时间，还会有挫败感。ChatGPT可以帮助工作人员快速总结他们与客户互动中的问题并快速识别常见问题，例如缺乏支持或者技术问题。

企业可以使用ChatGPT自动回复客户评论。许多购物者在购买时依赖评论。一项调查显示，超过一半的在线购物者在购买前会阅读多条评论。

在客户看来，品牌方应该尽快回复他们的反馈。及时响应可以帮助企业了解客户是否满意，是否不高兴。回复客户评论可能是一项艰巨的任务，因为回复可能会影响品牌形象。借助ChatGPT，客户服务团队可以快速回复每条评论。

使用此工具来响应积极反馈非常重要，用它来处理负面评论也很有用。企业的支持团队需要完成一系列任务，其中之一就是回答常见问题。尽管ChatGPT可以自动化此过程，但是企业应该首先结合产品对它进行训练，以确保它可以提供正确的答案。

除了翻译客户对话之外，ChatGPT还可以处理多种语言的请求。

假设企业正在帮助讲阿拉伯语的客户浏览英语界面，客户可能会使用从右到左的文本，用阿拉伯语进行提问，或者粘贴某些按钮的名称并使用从左到右的文本将其翻译成英语。ChatGPT可以处理字母和语言，并且轻易地将一种语言翻译成另一种语言。

与其他翻译工具相比，ChatGPT最大的用途之一是它能够提供多种语言的同步翻译，而且不会遗漏其他语言的中断点。

将知识库转换为简短指南的一种方法是创建演练。通常，客户会被引导至有关具体说明的文章。使用ChatGPT的好处是它可以帮助客户总结文章要点，而无需他们访问文章的链接。

测试摘录（excerpt）是否足以满足客户查询的好方法是创建一个提示，要求ChatGPT总结文章的要点。在ChatGPT处理的客户服务场景中，它可以分析客户的语言和情绪。这将有助于创建符合每个客户情绪的回复。

如果客户表示他们仍在等待有关网站的回复，企业可以使用ChatGPT创建一条消息，让客户知道企业正在解决他们的问题。

■ 使用ChatGPT进行客户服务的优势和局限性

ChatGPT具有许多令人印象深刻的功能，有许多优势：

- 企业收到的请求数量众多，很难一条条编写回复所有请求，在ChatGPT的帮助下，企业就可以处理好电子邮件和回复。
- 可以通过向ChatGPT提供有关的信息来创建一条消息，提及企业想要传达的信息。
- 企业可以让ChatGPT采用企业希望用的语气，以适合品牌。
- 企业可以使用ChatSpot等聊天机器人记录所收到的所

有查询,并可能自动解决它们。

- IBM 声称人工智能驱动的聊天机器人可以处理高达 80% 的客户查询。这意味着企业可以减少请求积压,同时仍然提供最好的服务。团队将只去解决人工智能无法独自处理的问题。在 ChatGPT 的帮助下,团队将不再需要通过遍览知识库来解决客户的查询。
- 团队可以要求 ChatGPT 搜索他们的查询并提供即时答案。
- ChatGPT 的各种功能可以帮助企业节省运营费用。例如,它可以自动响应常见问题并限制支持工作人员的工作时间。

尽管 ChatGPT 具有诸多优势,但也存在一些局限性:

- 它提供的数据可能不准确。
- 尽管人工智能具有先进的功能,但是它仍然会犯错误。例如,它可能提供不准确的信息。这可能会对公司的声誉和客户服务产生负面影响。
- ChatGPT 缺乏个性化。它可以提供很好的答案,但是也可能产生误导。消费者重视个性化。人工智能可能有助于减轻支持团队的一些重复性工作，但是它无法与人类提供的个性化水平相匹配。

- 当涉及处理情绪情况时，例如当客户感到痛苦时，ChatGPT可能能够提供具有同理心的响应，但是它可能无法完全理解客户。每当出现严重问题时，人类就应该参与其中。人工智能有时无法理解情绪，因此最好有人参与其中。
- 尽管ChatGPT通常是安全的，但是它仍然容易受到安全威胁。骗子可以通过遵循用户的命令轻松操纵ChatGPT。那些怀有恶意的人可能想要伪造可能损害品牌的有害内容。如果发生数据泄露，企业将陷入困境。

客户服务的基本ChatGPT提示

现实生活中已有很多ChatGPT用例，但如果企业要使用ChatGPT，则需要提供正确的提示来鼓励团队更高效地工作。以下这些示例将有助于企业使用ChatGPT。

这是一个提示示例：

我们的产品遇到了技术问题，我们的一位客户对此感到不安，这是可以理解的。我说什么才能让她平静下来并听我解释情况呢？

ChatGPT 的响应如图 5-1 所示。

> 一位客户面临技术问题，告诉我如何给她写一封电子邮件让她冷静下来

在写这封电子邮件时，关键是要表现出同情、理解，并确保客户感到自己被重视。以下是一封冷静、专业且富有同情心的邮件示例：

主题：关于您的技术问题的帮助

亲爱的[客户的名字]，

首先，非常感谢您联系我们并告知我们您的问题。我们理解技术问题可能会让人感到沮丧，我为此深感抱歉。

请放心，我们非常重视您的问题，并会尽全力帮助您尽快解决。我们正在仔细审查问题，并将尽快为您提供有效的解决方案。在此期间，如果您有任何额外的疑问或需要进一步的帮助，请随时告诉我们。

感谢您的耐心与理解，我们会尽快与您更新进展，并确保您的问题得到妥善处理。

祝一切顺利，
[你的名字]
[你的职位]
[公司名称]

图 5-1　电子邮件交流提示

这是另一个提示示例：

根据 HubSpot 上的评论，分析客户的以下情绪：

HubSpot Marketing Hub 帮助我们提高了营销的效率和效果。其易于使用的界面和各种渠道的集成使我们的工作流程更加简化。

我们需要的一切，包括潜在客户开发和电子邮件营销，都可以通过该平台轻松获得。

该平台的设计直观，使其成为不同级别营销人员的理想选择。它帮助我们简化了营销工作并取得了卓越的成果。

ChatGPT 的响应如图 5-2 所示。

根据您提供的评价，显而易见，客户对HubSpot Marketing Hub的情感非常积极。以下是表达的积极情感的详细分析：

1. **提高效率和效果**：客户提到HubSpot Marketing Hub帮助他们提高了市场营销工作的效率和效果。这表明该平台对他们的整体生产力和营销成果产生了积极影响。

2. **用户友好的界面**：评论突出了平台易于使用的界面，这是一个强烈的积极因素。它表明用户觉得这个平台直观且用户友好，这对没有高级技术技能的市场营销人员来说至关重要。

3. **多渠道整合**：客户赞赏HubSpot Marketing Hub整合了多种营销渠道，这简化了他们的工作流程。整合功能是营销软件的关键特性，因为它帮助用户从一个平台管理多个营销方面。

4. **工具的可访问性**：客户指出，通过该平台，他们可以轻松访问所有所需的工具，包括潜在客户生成和电子邮件营销工具。

图 5-2　使用 ChatGPT 分析客户情绪[①]

为一般主题创建电子邮件模板是使信件格式保持井井有条的好方法。

---

① 译者注：ChatGPT 可以通过解析客户的评论，对产品或服务的效率、有效性、便利性等方面进行客户满意度分析。

这是另一个提示示例:

我们需要创建一份有说服力且内容丰富的150字声明,解释如何根据GDPR(《通用数据保护条例》)保护你的数据免遭未经授权的访问和使用。

ChatGPT的响应如图5-3所示。

根据《通用数据保护条例》(GDPR),我们采取严格的安全措施,确保您的个人数据免受未经授权的访问和使用。我们实施数据加密、访问控制和多因素身份验证等技术手段,以保护您的信息。此外,我们定期进行安全审计和漏洞扫描,确保所有数据存储和处理活动符合GDPR要求。所有处理您数据的人员都经过严格的隐私和数据保护培训。我们承诺仅在法律允许的范围内使用您的数据,并确保您可以随时访问、更正或删除您的个人信息。通过这些措施,我们致力于最大限度地减少数据泄露和滥用风险。

图5-3 根据需求作出响应

■ 简化语气

提示:

使以下消息听起来更非正式(参考之前的隐私消息)。

图5-4显示了ChatGPT的响应。

根据GDPR,我们采取了很多安全措施来保护您的数据免受未经授权的访问和使用。比如,我们使用数据加密、访问控制和多重身份验证来确保您的信息安全。我们还定期检查系统,确保一切符合GDPR的要求。所有处理您数据的员工都经过隐私保护的培训。我们承诺只在必要时使用您的数据,您也随时可以查看、修改或删除自己的信息。我们会尽一切努力保护您的数据安全,避免泄露或滥用。

图5-4 纠正语气问题

要求客户测试新功能

提示:

在全面推出一项新功能之前,我们正在与一些用户进行测试。请创建一个问题列表,我应该向他们提出这些问题来评估该功能的有效性,请将问题数量限制为五个。

图 5-5 显示了 ChatGPT 的响应。

以下是评估新功能有效性的五个问题:
1. 您在使用该功能时遇到了哪些具体挑战或困难?
    - 这个问题可以帮助识别用户在使用过程中可能遇到的障碍。
2. 该功能是否满足了您的预期需求?如果不,您希望它具备哪些额外的功能或改进?
    - 通过了解用户的期望,可以评估功能的适用性和改进方向。
3. 您认为该功能的使用界面友好吗?是否有任何地方让您感到困惑或不便?
    - 此问题旨在收集用户对界面的反馈,确保其易用性。
4. 您在使用该功能时,是否发现它提高了您的工作效率或改善了您的体验?请提供具体例子。
    - 这个问题可以帮助衡量功能对用户工作的实际影响。
5. 您会推荐这个功能给其他用户吗?为什么或为什么不?
    - 通过了解用户的推荐意愿,可以评估该功能的整体吸引力和价值。

这些问题将有助于深入了解用户对新功能的看法和体验,从而为后续改进提供宝贵的反馈。

图 5-5 测试新功能

■ 寻求客户评论

提示:

我们会要求给我们提供高NPS（净值推荐值或客户满意度）分数的客户在Google上提交他们的评论，以便我们能够提高排名。

图5-6显示了ChatGPT的响应。

鼓励给您高净推荐值（NPS）的客户在谷歌和G2平台上提交评价，这是提升您在线声誉和排名的绝佳策略。以下是有效执行该策略的分步指南：

识别高NPS反馈者：
首先找出给您高NPS分数的客户，通常在NPS评分体系中得分为9分或10分的客户，他们是您的推荐者。

细分客户列表：
对客户列表进行细分，将高NPS反馈者与其他客户区分开来。

图5-6 客户评论

小　　结

本章介绍了如何将支持人工智能的聊天机器人集成到业务中以提供出色的客户服务。下一章将介绍使用ChatGPT时的安全和伦理问题。

第 6 章

使用ChatGPT时的安全和伦理考量

本章我们将学习数据隐私和安全介绍、ChatGPT数据隐私和安全伦理、ChatGPT中的信息风险、ChatGPT中的数据隐私、关于ChatGPT的法规、ChatGPT的最佳实践和安全措施、为你的组织起草ChatGPT使用政策以及使用ChatGPT的安全风险。

数据隐私和安全介绍

数字技术的兴起导致互联网积累了大量个人信息，公司可以通过收集和使用这些信息来谋利。为了保护这些数据，人们应该了解公司是如何收集和存储数据的。

如果没有适当的安全和隐私措施，收集和存储的数据可能最终落入未经授权的人的手中，这可能导致数据泄露或者某些数据在暗网上被出售。

如果公司以不安全的方式收集和存储信息，则竞争对手可以轻松访问该信息，或者将其出售给其他未经授权的第三方。数据泄露可能会影响企业的业绩和声誉。

数据隐私政策是一个框架，描述人们如何访问和控制他们存储的信息。它涉及遵守有关个人数据保护的法律。公司需要采取各种措施来确保隐私受到保护，其中包括对未获授权的各方建立访问限制，获得数据主体的必要同意，以及维护数据的完整性。

当涉及收集个人信息（例如一个人的名字）时，通常认为个人会与所有人分享此类信息。然而，其他详细信息，例如出生日期、手机号码和居住地，可能会被视为个人信息，需要隐私保护。

数据隐私的概念适用于某些类型的个人信息的收集和使用，例如健康和医疗记录以及社会安全号码，甚至包括信用卡详细信息和银行账号等财务数据。

数据隐私还涉及公司运营业务所需信息的收集和使用，包括支出金额和投资方式等财务数据。在收集和使用个人信息时，金融机构必须遵循严格的安全协议以保护客户的隐私。

根据欧盟的GDPR规定，任何可用于识别个人身份的信息，例如个人的全名、地址、电话号码和电子邮件地址，均被视为个人身份信息。随着技术的进步，这个范围已经扩大到各种其他类型的数据，包括地理位置、社交媒体帖子和生物识别信息。

《健康保险可移植性和责任法案》（HIPAA）是一项监管法规，旨在保护来自医院、保险公司和医疗保健提供者的私人和敏感医疗数据，例如个人的精神或者身体状况，包括过去和现在的健康状况。医疗保健实体（例如医生或者医院）应为个人提供必要的信息保护服务。

公司收集和使用的财务数据为个人财务信息，包括有关个人财务活动的各种详细信息，例如信用卡详细信息和银行账号。

数据安全策略是旨在通过防止未经授权的访问和利用来保护个人信息隐私的过程。它涉及利用各种技术和策略来维护该数据的秘密性。这个概念包含信息安全的各种要素，除了服务条款和程序，还包括存储设备和硬件的物理安全。

数据安全策略通过防止未经授权的访问和利用来维护信息的完整性。它可以通过使用第三方安全解决方案来完成，例如Norton Security、BitDefender等安全解决方案。这些产品可以通过检测和预防威胁来帮助保护数据的秘密性。

加密算法可将常规文本转换为未经授权的用户无法读取的格式。它只能由已获授权用户使用来访问数据。另一种类型的加密方式是数据库和文件加密，可用于隐藏文件的内容。

实施数据安全策略时，可以考虑的重要因素之一是数据的销毁。此方法会完全覆盖设备上存储的数据。

组织可以采用数据屏蔽技术，使开发人员能够创建应用程序，同时隐藏其中的实际数据。该方法可以确保开发过程是在安全的环境中进行的。

数据恢复能力是指，即使出现网络攻击等意外的业务中断的情况，组织的数据也始终可用且可访问。组织对各种类型故障（例如断电和硬件问题）的恢复能力取决于其数据恢复能力。快速恢复对于最大限度地减少这些事件的影响非常重要。

如果医疗记录和财务信息等敏感信息被不当访问，个人可能面临身份盗窃和欺诈的风险。公司的数据在泄露后可能会被移交给竞争对手，而学生身份信息可能会被窃取和使用。如果事件发生在政府内部，可能会引发国家安全问题。为了遵守法规，许多组织使用第三方工具和解决方案，例如OneTrust（合规科技公司）、ServiceNow（IT服务管理公司）等第三方。这些第三方可保护数据的秘密性、安全性。

数据保护至关重要，原因如下：

- 数字经济的兴起要求公司收集和共享客户信息。这是通过使用社交媒体和其他形式的技术来完成的。制定清晰透明的程序来管理个人数据的收集和使用对于确保客户感到安全非常重要。
- 同样重要的是，公司必须制定必要的程序，以确保在收集和使用个人数据时遵守适当的法规。如果公司不遵守这些规定，可能会面临严厉的处罚。

欧盟的GDPR加强了个人在使用和保护其个人信息方面的权利。该法律规定了公司在处理个人数据方面的责任和标准。

数据安全和隐私之间是有区别的。前者是指用于保护公司收集和使用的信息的各种措施和技术。然而，实施这些措施可能并不总是足以履行保护数据隐私的义务，它仍然涉及遵守相关法规的问题。

■ 使用ChatGPT时的伦理

尽管开发人工智能聊天机器人的尝试很多，ChatGPT仍是迄今为止极具影响力的工具。ChatGPT的神奇之处在于，它使用从电子书、社区论坛和博客等各种来源收集的大量数据，往往只需不到一秒的时间即可生成详细的回复。此外，其GPT-4版本已经通过了LSAT（美国法学院入学考试）和美国律师考试等多项高难度考试。

ChatGPT的数据收集方法受到批评的主要原因是它们收集的是公开可得的信息。尽管收集此类数据并不违法，但是仍可被视为违反欧盟 GDPR 等数据隐私规定。例如，如果从用户收集的信息包括宗教或者种族背景等敏感个人信息，则可以适用此类规定。

ChatGPT 的开发人员维护用户提交的训练提示，以确保该工具不会保留此类数据。这样做是为了确保系统不断提高其性能。这也确保了 ChatGPT 收集的数据是公司集体人工智能情报的一部分。但这严重侵犯了用户删除数据的权利。

人们将 ChatGPT 用于各种目的，例如营销传播、学术研究和编程代码审查。它修复文本或者代码中的错误和语法错误的能力导致人们无意中与人工智能工具共享专有信息。例如，当某些三星员工希望 ChatGPT 检查他们的编程代码时，他们也将秘密数据提供给了 ChatGPT。

ChatGPT 的目标是更好地理解用户提供的信息。它曾根据 2021 年之前互联网上可用的数据进行训练。所训练数据的质量对于确保其生成准确且无偏见的内容非常重要。由于互联网充满偏见和虚假内容，人工智能工具可以轻松复制这些偏见。

2023 年，出于对隐私的担忧，意大利成为第一个禁止 ChatGPT 的西方国家。该国收到了大量有关该工具使用的投诉，这导致了 GDPR 的制定。在 OpenAI 提供了一些隐私保证后，该禁令最终被撤销。这表明旨在帮助人们的技术有可能会产生意想不到的后果。

尽管人工智能工具有潜力改善人们交流和收集信息的方式，但是数据隐私法仍然担心它们的潜在影响。由于ChatGPT的成功，隐私法正在慢慢赶上人工智能技术的进步。

2023年4月，七国集团国家表达了对监管生成式人工智能技术和ChatGPT的兴趣。但是他们也表示，他们希望看到"基于风险"的监管方法，而不是严格的解决方案。考虑到这一点，通过各个组织和政府的努力，有可能缩小人工智能和隐私保护之间进步程度的差距。

■ 使用ChatGPT时的数据和隐私问题

由于ChatGPT的隐私和数据保留政策，它受到了各方面的批评，其中包括政府和用户。

ChatGPT的隐私政策为我们提供了大量有关公司如何收集和使用其数据的信息。比如当你购买高级套餐或者在聊天机器人中提供信息时，ChatGPT将收集有关你的各种详细信息，其中包括你的IP地址、位置和其他详细信息。

ChatGPT收集的数据并不特别令人担忧。这是任何公司收集用户信息的标准程序。不幸的是，聊天机器人会在你与ChatGPT的聊天中收集有关你的信息。如果没有安全措施，与AI系统共享你的私人数据是非常容易的。OpenAI收集的信息包括你的姓名、联系信息、付款信息、交易历史记录和登录细节。这些数据是基本数据，几乎可以从你访问的任何网站轻松收集。当你联系该公司或者向其支持人员发送电子邮件，它会保留你的姓名、地址和消息内容。如果你发表评论，它还会跟踪你的社交媒体互动以及你与公司分享的个人信息。当你使用其服务时，聊天机器人ChatGPT将收集你的一些个人信息，例如你的浏览器类型、你的IP地址和会话持续时间。它还会识别你的操作系统和设备的名称。

OpenAI使用Cookie来跟踪用户在其网站和聊天窗口中浏览时的活动。该公司声称将使用这些数据进行统计分析，并了解有关用户与ChatGPT互动的更多信息。

你的聊天内容将由ChatGPT存档，它会跟踪你在对话中所说的所有内容，包括你的个人信息。不幸的是，用户往往会无意中与聊天机器人分享这些信息，特别是当他们使用它起草专业或者个人文件时。

在工作中使用ChatGPT时，如果没有安全措施，你可能会将自己置于危险之中，因为它会跟踪你输入的有关公司、员工和委托人的详细信息。例如，如果你使用它来将客户的反馈写到报告中，你可能会无意中泄露客户的详细信息。

根据OpenAI的隐私政策，其应向用户提供足够的隐私声明，以便他们了解OpenAI如何收集和使用其数据。此外，用户还应该获得OpenAI的同意，并向OpenAI表明他们正在依法处理他们的数据。如果你打算分享被认为私密的信息，你应该联系OpenAI来签署数据处理附录（DPA）。

你的联系信息可能会被广泛的实体和个人获取。正如其隐私政策所示，OpenAI会与其他人共享这些数据。其他公司和组织也可能会收集这些信息，其中包括服务提供商、供应商和法人实体。技术训练师和其他人可能会审查你的对话。

尽管OpenAI没有明确解释如何与各方共享你的数据，但是它声称它可能会与服务提供商和供应商共享你的信息，以执行某些功能或者满足商业需求。其中一些服务包括云计算、分析、电子邮件、网络托管和事件管理。

政策中的其他部分更加明确。OpenAI可能会在其合作伙伴和其他企业参与交易时，或者当他们涉及接管、破产或者清算时共享你的数据。它还可能与当地执法人员共享你的数据，以保护用户、公众及其自身免于承担法律责任。

OpenAI 的训练人员会分析你的对话以改进 AI，他们还会检查你所说的内容是否符合公司的政策。如果你向聊天机器人提供个人信息，训练师就能够看到它。

OpenAI 和 ChatGPT 收集的有关你的信息通常是无害的。其中一些与你的设备信息和账户详细信息有关。

■ ChatGPT 中的信息风险

企业的法律合规部领导应评估其公司面临的与使用 ChatGPT 相关的各种风险。然后他们应该制定有效的措施来尽量减少这些风险。使用 ChatGPT 可能会出现六种不同的风险，应该采取适当的防护措施来防止这些风险的发生。如果不采取这些措施，他们可能会承担法律责任和经济后果。

人们应该意识到，如果聊天历史记录未被禁用，通过 ChatGPT 收集的信息可能会被用于他们的训练材料中。弗里德曼表示，非企业用户的响应中可能包含敏感数据。为了防止这种情况发生，法律合规部必须建立一个使用该技术的框架。他们还应该防止未经授权访问个人或者组织数据。

尽管 ChatGPT 可能取得成功，但是法律合规部及时了解有关使用人工智能偏见的法律仍然很重要。这可以通过主题专家和技术职能部门的协作来完成。

ChatGPT在大量互联网数据上的训练导致了潜在的侵犯知识产权和版权保护的行为。该程序在生成输出时不提供解释或者源参考，这就是为什么法律合规部的人员定期监控版权法的变化很重要。

不良行为者滥用ChatGPT已经导致大规模虚假信息的产生，例如虚假评论。此外，使用大语言模型的应用程序很容易受到提示词注入（Prompt Injection）的攻击，这是一种黑客技术，涉及欺骗模型执行其设计目的之外的任务。

法律和监管部门的领导应当定期与网络安全行业的同行协调，以采取适当的措施，尽量减少与使用人工智能相关的风险。

如果不向消费者披露ChatGPT的使用情况，企业可能会承担相关法律后果并失去客户的信任。

解决ChatGPT中的数据隐私问题

自2022年11月发布以来，ChatGPT经历了巨大的用户增长。它已经成为很多人生活中不可或缺的一部分，但是它真的安全吗？

尽管ChatGPT由于其各种安全措施和隐私政策而可以被安全使用，但是它仍然存在漏洞和问题。本部分将探讨这些问题以及人工智能监管等其他因素，使用户能够更好地了解ChatGPT的安全性并作出明智的决策。

ChatGPT的安全性由OpenAI维护，该公司开发了聊天机器人及其GPT框架。这些功能旨在确保程序的输出既自然又类似于人类。该公司还实施了各种安全措施，以确保用户受到保护。要了解更多有关其安全措施的信息，请参阅OpenAI页面。

GPT服务器使用加密格式来存储数据，并且数据在连接到ChatGPT的系统之间加密发送。这确保了用户的数据免受未经授权的访问。

除了采取各种安全措施外，OpenAI还使用访问控制来防止未经授权的个人访问用户的数据，其中包括授权和身份验证协议的使用。

OpenAI还聘请了一名外部审计员每年检查API，以发现并解决潜在问题。这确保了公司的安全措施在保护用户数据方面是最新且高效的。

OpenAI还建立了漏洞赏金计划，鼓励个人报告安全问题。该计划接受技术爱好者、黑客和研究人员的贡献。

通过使用对话数据，OpenAI可以提高ChatGPT的自然语言处理能力，同时它还遵循适当的数据处理做法。

收集用户数据的目的是通过分析和临时存储用户对ChatGPT发出的所有内容来改进系统的自然语言处理能力。OpenAI对于如何收集和使用这些数据非常透明。它使用这些信息来改善用户体验并训练其语言模型。

OpenAI收集的数据将以安全的方式被存储，并且仅用于其预期目的。它仅在实现其目标所需的时间内保留这些数据。保留期过后，数据将被删除或者匿名化，以保护用户的隐私。

仅在用户同意或者有具体法律要求的情况下，用户的信息才会被拿来与其他方共享。OpenAI还将确保这些第三方遵循适当的隐私和数据处理规则。这确保了以安全的方式处理收集的数据。用户可以期望OpenAI尊重用户的隐私并控制它所收集的信息。OpenAI将为用户提供便捷的方式访问和修改其个人信息。

ChatGPT平台不保密，如图6-1所示。它记录每一次对话，并将收集的数据用于训练目的。

您提供的个人信息：如果您创建账户以使用我们的服务或与我们进行沟通，我们可能会收集以下个人信息：

- 账户信息：当您在我们这里创建账户时，我们将收集与您的账户相关的信息，包括您的姓名、联系方式、账户凭证、支付卡信息和交易历史（统称为"账户信息"）。
- 用户内容：当您使用我们的服务时，我们可能会收集您提供给我们的服务中包含的个人信息，包括输入内容、文件上传或反馈（"内容"）。
- 通信信息：如果您与我们进行沟通，我们可能会收集您的姓名、联系方式以及您发送的任何消息内容（"通信信息"）。

图6-1　ChatGPT隐私政策

根据该公司的隐私政策，它收集与其服务交互的用户的信息，例如他们的反馈、文件上传和输入。它使用这些数据来改进其人工智能模型，并允许训练师审查用户的聊天记录。

根据OpenAI的说法，它无法从过去的历史记录中删除特定的提示。例如，如果你与ChatGPT驱动的机器人聊天，并且你想要从与机器人的对话中删除特定提示，这是不可能的。因此，建议不要与ChatGPT分享敏感数据或者个人信息。这种做法的后果在2023年4月得到了凸显，当时有报道称三星员工多次与该平台共享秘密数据。三星指出，正在采取措施防止类似事件发生，并可能禁止通过其网络使用ChatGPT。

你可以使用ChatGPT删除聊天记录。在下文中，我们将讨论它的工作原理以及如何防止它保存你的数据。

删除你在ChatGPT上的聊天记录

要从聊天记录中删除特定对话，请单击垃圾箱图标（参见图6-2）。要批量删除所有对话，请转到"设置"，然后选择"删除所有聊天"（见图6-3）。

图6-2　单击垃圾箱图标

默认情况下阻止ChatGPT保存你的聊天记录，要导航到"设置"页面，打开"个性化"，并关闭"记忆"选项，如图6-4所示。

图6-3 点击对话

图6-4 设置窗口

如果未选中"记忆",它将停止将新聊天记录保存到你的记录中,避免将新聊天用于模型训练,并立即生效。已保存的对话将在一个月后从平台中删除。

在了解如何删除聊天记录并停止自动保存聊天记录后,接下来我们研究一下与使用ChatGPT相关的风险。

在评估聊天机器人技术的安全性时,考虑双方可能面临的风险至关重要,其中包括未经授权的数据访问、有偏见的信息,以及个人信息的丢失。

ChatGPT和其他在线服务的用户,尤其是通过网络浏览器访问的用户,很容易遭遇数据泄露。如果未经授权的一方能够访问用户的数据(例如聊天日志或者其他敏感信息),则更容易发生数据泄露。

如果发生数据泄露,你的敏感信息、私人对话和其他私人详细信息可能会被暴露给未经授权的各方,这可能会损害你的隐私。

当网络犯罪分子将窃取的信息用于欺诈目的时,就会发生身份盗窃,给受害者造成经济或者声誉损失。

数据泄露可能导致用户信息被分发或者出售给恶意使用者。这些人可以利用这些数据进行非法活动,例如传播虚假信息。

为了应对网络犯罪的威胁，OpenAI已采取必要措施，最大限度地降低未经授权访问其系统的风险。尽管OpenAI作出了努力，但是仍有可能因人为错误而发生数据泄露。如果员工或者其他个人用户在ChatGPT中输入商业秘密或者密码等敏感数据，这些信息可能会被犯罪组织利用。

为了保护你的公司及员工，请制定一项政策，概述人工智能技术的使用指南。亚马逊和沃尔玛等大公司已向员工发出警告，警告他们与人工智能共享秘密数据的潜在风险。摩根大通、Verizon（威瑞森通信公司）等其他公司也禁止了ChatGPT。

ChatGPT用户面临的常见风险是ChatGPT可能向他们呈现不准确或者有偏见的信息。由于据以训练的数据量巨大，人工智能模型可能会无意中产生有偏见的响应。这可能会影响依赖人工智能为其交流和决策过程生成内容的企业。个人需要确保在使用ChatGPT提供的信息时公正且不传播虚假信息。

关于ChatGPT的规定

隐私和数据保护规定适用于人工智能技术，例如

ChatGPT。在不同的法域，都有这些规定。

GDPR适用于位于欧盟并处理欧盟境内居民个人数据的组织。它确保个人的隐私和权利受到保护。

在美国加利福尼亚州，CCPA（《加州消费者隐私法案》）为消费者规定了与其个人信息相关的各种权利。该法律要求企业告知客户其数据收集方法以及如何共享这些数据。

各个国家都制定了自己的隐私和数据保护法，可用于保护ChatGPT等人工智能系统收集的信息，其中包括新加坡的PDPA（《个人数据保护法》）和巴西的LGPD（《通用数据保护法》）。2023年3月，意大利出于隐私问题禁止了ChatGPT，但是在一个月后OpenAI添加了安全功能，意大利解除了禁令。

欧洲议会已经解决了关于使用ChatGPT等人工智能系统缺乏法律规制的问题。2023年，它通过了《人工智能法案》，要求开发人工智能技术的公司披露其训练数据版权的来源。

这些法规基于特定人工智能项目带来的风险程度，将分为不同的类别，从低级到高级。尽管这些法规不会禁止使用高风险工具，但是将强制采取严格的透明度措施。

《人工智能法案》是一部规范人工智能使用的综合立法。在此类规定贯彻落实之前，用户在使用ChatGPT时仍应谨慎行事。

ChatGPT的最佳实践和安全措施

为了保护用户的数据，OpenAI落实了各种安全功能。然而，用户在使用ChatGPT时仍然应当采取必要的步骤来最大限度地降低风险。

为了最大限度地降低风险，用户应始终避免在对话中泄露敏感信息。在使用任何接入ChatGPT的应用程序或者平台之前，用户还应该仔细查看其隐私政策。这将使用户知道他们的对话是如何被存储和使用的。

为了最大限度地降低未经授权的访问和使用的风险，用户在与ChatGPT交互时应始终使用假名或者匿名账户。此功能可以帮助防止将他们的真实身份与他们进行的对话关联起来。

在使用任何服务或者应用程序之前，用户应熟悉有关保留对话的政策。这将使他们了解对话在被删除或者匿名之前会保留多长时间。

请遵循OpenAI的隐私和安全政策，并不断更新你的做法以确保安全。了解OpenAI落实的各种安全功能，可以帮助你获得更安全的ChatGPT体验。

用户在使用语言模型的同时，还应该采取必要的措施来保护自己的个人信息和隐私。

为了最大限度地降低与ChatGPT相关的风险，用户应限制他们共享的信息并审查隐私政策。他们还应该使用假名账户，监控数据保留，并随时了解安全措施的任何变化。

随着人工智能在日常生活中变得越来越普遍，用户在使用过程中优先考虑自己的隐私和安全非常重要。

为你的组织起草ChatGPT使用政策

参与创建和部署自动化系统的人员必须采取必要的措施以确保系统安全并且不存在对个人或者社群的歧视。

如果你打算在公司推出自动化人工智能解决方案，你需要一个全面的平等评估框架，其中包括确保在进行系统设计时顾及残疾人的方法。

释放ChatGPT的力量：真实世界的商业应用

自动化系统的开发人员、设计人员和操作人员在访问、使用、传输和删除用户数据之前需要征求用户的许可。他们还应该考虑利用其他方法来保护用户的隐私。

此外，系统不应实施侵犯隐私的默认设置和给用户带来负担的设计决策。

自动化系统开发人员、设计人员和部署人员应以通俗易懂的语言提供文档，以便人们能够理解系统的工作原理及其作用。他们还应该解释它的性能以及为什么要使用它。

ChatGPT政策可以帮助组织创建在线内容、与客户交流、生成销售宣传、总结冗长报告并分析业务趋势。

使用ChatGPT的安全风险

尽管ChatGPT受到广泛关注，但是许多IT领导者尚未接受人工智能聊天机器人。例如，出于安全考虑，Verizon禁止其员工使用该程序。根据Check Point Research（一家网络安全企业的研究部门）的一项研究，网络犯罪分子已经在使用ChatGPT来开发用于实施攻击的新工具。

■ 恶意软件

能够创建伦理守则的人工智能也可被用于编写恶意软件。尽管ChatGPT拒绝要求编写恶意软件的提示词，但是用户仍然可以轻松规避其限制。例如，黑客可以向ChatGPT请求代码来执行渗透测试，然后将其用于网络攻击。

尽管该程序努力阻止用户使用非法或者不合乎伦理的提示，但是据观察，许多人仍然可以轻松绕过其限制。尽管ChatGPT的开发人员一直在努力阻止这些活动，但是用户仍会继续挑战其极限。

■ 网络钓鱼

生成式人工智能的兴起预计将使网络钓鱼攻击变得更加复杂，网络安全专家已经在为未来做好准备。

有关ChatGPT的参考资料表明，使用ChatGPT的人更有可能进行社会工程攻击。

网络钓鱼攻击通常依赖于拼写错误、语法错误和书写不当。在生成式人工智能的帮助下，攻击者可以快速创建令人信服的文本，这些文本可以被定制来欺骗受害者。

网络钓鱼攻击者可以利用ChatGPT的输出，将它与可生成图像和语音欺骗的软件结合起来，开展深度伪造的网络钓鱼活动。

■ 网络犯罪

生成式人工智能的积极教育效果包括增加入门级网络安全分析师的培训机会。另一方面，它也有利于雄心勃勃的黑客，因为它可以让他们更有效地发展自己的技能。

缺乏经验的威胁行为者，可能会询问ChatGPT如何部署勒索软件或者破解网站。OpenAI的政策阻止聊天机器人帮助用户进行非法活动。但是，通过冒充渗透测试者，攻击者可以改变主题并提供详细指令。

数以百万计的新网络犯罪分子将能够在生成式人工智能（例如ChatGPT）的帮助下发展他们的技术技能，从而增加了互联网的整体安全风险。

■ API攻击

由于企业中的API不断增加，针对其的攻击次数也随之增加。根据Salt Security（一家网络安全企业）的研究，在2022年的短短六个月中，以客户API为目标的独特攻击者的数量增加了874%。

Forrester Research（美国知名咨询公司）的专家表示，网络犯罪分子最终可能会利用人工智能来查找和利用API中的漏洞，这通常需要花费大量时间和精力来执行。此方法可用于提示ChatGPT执行各种任务，例如查看API文档和执行查询。

附录

法律人工智能实操手册

汪政

如何促进、规范和保障人工智能（Artificial Intelligence, AI）安全、可信、可控地健康发展成为时代命题，特别是人工智能在法律领域的应用是未来不可回避的挑战，亦是千载难逢的历史机遇。律师事务所应该为律师及其他工作人员使用人工智能技术制定规则。ChatGPT 和 DeepSeek 等大语言模型（LLM）在生成法律文件方面仍然不充分，并且存在局限性和错误，这就要求律师在法律文件生成等实务工作中采用严格的人工修正程序。同时，最新研究表明，大语言模型在法律实践的基础上，通过调整和训练，已经成功应用于特定的法律任务并减少错误。未来，新一代法律人工智能将会进一步降低法律服务成本，且更容易使用。

本手册第一部分从人工智能的基础分类、风险和局限性出发，重点分析法律人工智能研发应用的原则、伦理和注意事项；第二部分以 DeepSeek 为例，从"通用"大语言模型角度解析人工智能在法律实务领域的应用；第三部分以 THGPT 为例，从法律专属大语言模型角度解析法律人工智能在法律实务领域的应用。[1]

---

[1] 第二部分、第三部分见文末二维码。

第一部分　法律人工智能的研发应用

人工智能是一门研究如何构建能够模拟、延伸或扩展人类智能的系统的学科，其核心目标在于使机器具备感知、推理、学习、决策及交互等能力（Russell & Norvig, 2020）。根据任务范围和技术实现路径的不同，人工智能可分为狭义人工智能和通用人工智能两类。狭义人工智能也被称为生成式人工智能（Artificial Intelligence Generated Content, AIGC），特指专注于特定任务领域的内容生成技术，例如文本、图像、音频和视频的自动化创作。AIGC基于深度学习模型（如生成对抗网络、Transformer架构），通过大规模数据训练实现高质量内容输出，但其能力严格受限于预设任务和训练数据范围（Rombach et al., 2022）。通用人工智能（Artificial General Intelligence, AGI）是指具备跨领域自主学习和推理能力的系统，它能够像人类一样适应未知任务并解决复杂问题。通用人工智能能够整合感知、认知、元学习等多模态能力，目前仍处于理论探索阶段（Legg & Hutter, 2007）。与大语言模型等生成式人工智能专注于解决特定任务不同，通用人工智能被赋予了更广泛的认知和推理能力,能够在多个领域进行学习、适应和执行任务。目前人工智能领域最为先进的 ChatGPT 和 DeepSeek 等生成式人工智能仍然属于狭义人工智能,而非通用人工智能,因此,基于数据集和计算模型所研发的生成式人工智能仍然存在天然的公平性受损、知识产权侵权、信息泄露、恶意使用、安全威胁、模型幻觉、环境/社会及管制、第三方风险等关键风险。同时,人工智能在法律实践领域的应用还存在独立性、称职性、保密性、委托人利益最大化等方面的法律人工智能伦理风险,以及幻觉和虚构、算法歧视和偏差,缺乏可信性、可解释性和人文敏感性等局限性。

法律人工智能(Legal AI)的研发和应用涉及复杂的技术、伦理、法律和社会问题,其核心在于平衡科技创新与公平、透明、隐私保护等基本价值。

一、研发应用的核心原则

(一)公平性与非歧视

1.避免算法偏见:确保训练数据的代表性,防止因历史数据偏差（如种族、性别、经济地位等）导致歧视性结果。

2.平等保护：法律人工智能系统不得因用户身份差异提供差别化服务，须通过技术手段（如公平性测试）验证决策的公正性。

（二）透明性与可解释性

1.决策过程可追溯：法律人工智能的结论须具备可解释性，例如通过"白盒模型"或辅助说明机制，让用户理解法律人工智能的推理逻辑。

2.披露技术局限性：明确告知用户法律人工智能的适用范围和潜在误差，避免误导性应用。

（三）责任与问责

1.明确责任主体：界定开发者、部署方、使用者的责任边界，例如错误法律建议的责任归属（技术缺陷或人为误用）。

2.建立追责机制：通过日志记录、审计功能等技术手段支持事后审查。

（四）隐私与数据安全

1.最小化数据收集：仅获取必要信息，避免过度采集敏感数据（如个人敏感信息、合同主体、商务条款和案件细节等）。

2.强化数据保护：采用加密、匿名化技术，确保数据存储和传输符合《中华人民共和国网络安全法》《中华人民共和国数据安全法》《中华人民共和国个人信息保护法》等法律法规要求，以及达到三级以上（含）网络安全等级保护标准。

二、研发应用的伦理考量

（一）人类监督与辅助角色

法律人工智能作为技术工具，应被用来辅助法官、律师等法律职业人员，而非取代法律人的专业判断。根据《最高人民法院关于规范和加强人工智能司法应用的意见》（法发〔2022〕33号）提出的辅助审判原则要求，在司法裁判中，人工智能辅助结果只能为审判工作或审判监督管理提供参考,要确保司法裁判始终由审判人员作出,裁判职权始终由审判组织行使,司法责任最终由裁判者承担。

(二)避免权力滥用与技术垄断

1.防止利用法律人工智能进行"监控式执法"或"预测性司法"(如基于历史数据预测个人犯罪风险),这可能侵犯基本人权。

2.防止法律科技公司和研发部门利用技术垄断的优势地位,对法律机构或法律职业人员构成技术"胁迫"或形成"垄断"。

(三)社会影响评估

1.评估法律人工智能技术对弱势群体的影响(如无力承担人工法律服务费用的群体),避免加剧司法资源分配的不平等。

2.法律人工智能的研发应用是为了促进社会和谐和公平正义,而非激化社会矛盾和鼓励诉讼。法律人工智能研发应用不得违背公序良俗,不能损害社会公共利益和秩序,不能违背社会公共道德和伦理。

（四）人文敏感性

1.法律人工智能须适应不同司法管辖区的文化背景和法律体系，避免"一刀切"的技术输出。

2.法律人工智能天然缺乏社会意识和人文敏感性，缺乏对社会背景、社会因素（文化、价值观、规范等），以及人际关系的敏感性和更广泛的理解。因此，这一局限性可能会对毫无戒心的用户（包括法律职业群体）造成缺失人文关怀的严重后果。

三、研发应用的注意事项

（一）技术开发阶段

1.数据质量：确保法律人工智能训练数据覆盖多元场景，定期更新以反映法律修订和社会变化情况。

2.算法验证：通过多维度测试（如对抗性测试）评估法律人工智能模型的鲁棒性和可靠性。

(二)应用场景限制

1.明确禁用领域:例如涉及公民自由权、生命权、身体权、健康权等的重大司法决策(如涉及死刑的刑事裁判)应禁止使用法律人工智能的智能审判或法律决策建议。

2.高风险场景须特别审查:例如自动化合同审查中,合同可能隐藏的不公平条款、违法侵权条款、环境破坏条款等。

(三)合法与伦理监管

1.遵守法律法规和技术标准:例如遵守数据"三法一条例"(《中华人民共和国网络安全法》《中华人民共和国数据安全法》《中华人民共和国个人信息保护法》和《关键信息基础设施安全保护条例》)、《生成式人工智能服务管理暂行办法》等法律法规,以及ISO/IEC 42001等人工智能技术标准。可参照欧盟《人工智能法案》制定高风险人工智能系统研发应用的强制性标准,制定法律职业应用人工智能的规范、标准和指引。

2.建立伦理审查委员会:由法律、技术、伦理专家共同参与法律人工智能系统的设计和部署,建立"技术对技术"

的伦理规范技术嵌入和伦理风险评估机制。

(四)用户教育与知情权

1.向用户明确告知法律人工智能的局限性,例如"无法替代专业律师的复杂案件分析能力",以及"法律咨询意见仅供参考"等提示语。

2.提供人工干预通道,允许用户对法律人工智能决策提出异议并开通人工干预通道,例如在智能法律咨询场景中,应当提供人工律师咨询通道。

四、法律人工智能研发应用的未来方向

(一)技术层面

开发可解释性更强的法律人工智能(例如,基于大语言模型的语义匹配和因果关系学习的法律条文选择框架[①],基于

[①] Z. Wang, Y. Ding, C. Wu et al., Causality inspired legal provision selection with large language model based explanation, Artificial Intelligence and Law, https://link.springer.com/article/10.1007/s10506-024-09429-3, Dec. 23, 2024.

大语言模型的神经符号法律判决预测框架①，等等）。

（二）制度层面

推动国际协作制定统一法律人工智能治理体系和伦理准则，完善法律人工智能责任保险机制等。

（三）社会层面

加强公众参与的法律人工智能社会可接受性讨论，平衡司法效率与司法公平的价值冲突。

综上，法律人工智能是指法律工作的智能化。法律人工智能旨在推动法律职业的现代化，提升法律服务的普惠性和司法质效，维护社会公共利益和公平正义。

第二部分、第三部分
（人工智能法律实务应用资料包）

---

① B. Wei, Y. Yu, L. Gan et al., An LLMs-based neuro-symbolic legal judgment prediction framework for civil cases, Artificial Intelligence and Law, https://link.springer.com/article/10.1007/s10506-025-09433-1, Feb. 8, 2025.

译后记

法律人工智能

━━━━━

　　250多年来,经济增长的根本驱动力一直是技术创新。其中最重要的是经济学家所说的通用技术,这包括蒸汽机、电力和内燃机。我们这个时代最重要的通用技术就是人工智能,尤其是机器学习。

——埃里克·布林约尔松与安德鲁·麦卡菲

译后记 法律人工智能

　　《释放ChatGPT的力量：真实世界的商业应用》中文版终于和大家见面了。我和我的博导王进喜老师引进并翻译此作的缘由是基于我们2024年1月在美国加利福尼亚州的一次会面，彼时我正在奋笔疾书我的博士论文《法律科技伦理研究》，其中一个章节涉及人工智能在法律实践领域应用的法律人工智能伦理。为了更深入地学习和介绍人工智能在各行业商业应用所带来的巨大潜力和伦理风险，我们决定将查尔斯·瓦格马尔所著的《释放ChatGPT的力量：真实世界的商业应用》翻译成中文。本后记除了对译作进行简单的总结和点评外，共分为三部分：第一部分重点介绍人工智能的法律实践应用；第二部分是关于法律人工智能伦理的思考；第三部分是对法律人工智能的未来展望。我和进喜老师共同翻译、推荐本译作并编写译后记，希望能帮助中国的读者，尤其是广大律师和法律科技研发人员。对人工智能在法律行业的应用不仅要知其然更要知其所以然,这样才能更好地驾驭法律人工智能。希望本译作的出版能推动人工智能赋能各行业(包括律师行业)的商业应用和实践,避免陷入无谓的争论和虚幻的吹捧,让人工智能"以人为本"地推动社会进步和改善人类福祉。

首先,查尔斯·瓦格马尔从技术角度介绍了ChatGPT的技术(包括机器学习算法、自然语言处理和神经网络),解析了人工智能和ChatGPT如何帮助改善企业交流方式的各个方面,包括客户支持、内部交流和数据分析,以及人工智能在软件开发、客户支持、人力资源运营、旅游和旅游业、运营、营销、销售、内容创建、翻译等领域的实际应用,并指出人工智能有望成为未来商业交流的重要组成部分及如何运用人工智能改善商业交流、帮助企业降低成本和提高客户满意度。其次,作者讨论了如何将ChatGPT与企业管理和业务运营系统集成,以改善客户服务、营销和生产力。运用ChatGPT提供的集成服务可以帮助企业组织将ChatGPT无缝集成到现有的应用程序和平台中,这些服务可确保ChatGPT体验流畅并具有最佳功能,为企业提供新的发展机遇。最后,作者也对使用人工智能技术会产生的数据安全、隐私保护等人工智能伦理问题表达了关注,包括数据隐私、安全伦理和信息风险,如何起草ChatGPT使用政策以及使用ChatGPT的安全风险。同时指出人工智能必须符合人权、伦理原则和社会规范的价值观。对大语言模型等人工智能实施安全功能和保护屏障对于防止无意或者恶意使用人工智能至关重要,对其行为的监控和审核可以帮助确定和防止有害输出。在创建负责任的人工智能应用时,应考虑到更广泛的社会影响。

本译作提供了非常实用的人工智能技术如何与数字化商业服务系统进行融合的解决方案。为此,我们的思考是如何在本译作研究的基础上专项解决人工智能在法律领域,尤其是律师事务所和法律服务市场的商业应用问题。鉴于本译作是对人工智能在商业领域的全面概述,未能对人工智能在法律领域应用进行详细解读,为弥补缺憾,特将本人博士论文《法律科技伦理》关于人工智能在法律领域应用的相关研究分享给大家。

第一部分　法律人工智能

　　人工智能与法律是诞生于20世纪70年代初的新兴研究领域。① 布坎南和海德里克于1970年发表了《关于人工智能和法律推理若干问题的一些考察》② 论文，该文被认为是人工智能与法律领域的第一篇文章。1983年，龚祥瑞、李克强发表的《法律工作的计算机化》论文提出"由于计算机技术在法律方面的运用及其发展，法律工作正在发生根本性的变化"。③ 该论文是国内最早研究"法律科技"④ 的文章。作为一个学科概念，"法律人工智能"最早出现在美国波士顿东北大学召开的"第一届人工智能与法律国际学术大会"（The First International Conference on Artificial Intelligence and

---

　　① 熊明辉：《从法律计量学到法律信息学——法律人工智能70年（1949–2019）》，载《自然辩证法通讯》2020年第6期。

　　② B. G. Buchanan & T. E. Headrick, *Some Speculation about Aritificial Intelligence and Legal Reasoning*, Stanford Law Review, Vol.23, p.40–62（1970）.

　　③ 龚祥瑞、李克强：《法律工作的计算机化》，载《法学杂志》1983年第3期。

　　④ 汪政：《法律科技重构法律服务市场》，载《法治研究》2023年第6期。

译后记　法律人工智能

Law，ICAIL）。该会议自 1987 年以来一直在举行。①第一个商业上可用的法律人工智能系统是牛津大学在 1988 年发布的一个专家系统，这个专家系统可以告诉用户新的立法《潜在损害法》是否适用于他们。②人工智能与法律研究的首要目标是建构良好的法律应用程序，生成能够在计算机程序中实现的模型。③人工智能与法律（Artificial Intelligence and Law）包括两个方面：一方面是人工智能在法律实践中的应用；另一方面是人工智能的法律问题。我们所讲的法律人工智能（Legal AI）主要是指前者，即人工智能在法律实践中的应用，即适用法律工作的人工智能技术，简言之，法律人工智能是指法律工作的人工智能化，是基于人工智能技术在法律实践领域垂直研发、部署和应用的产品和技术平台。人工智能在法律领域的应用主要包括以下 7 个子领域：（1）计算机在法律中的运用；（2）智能数据库；（3）智能法律信息系统；（4）计算机辅助法律起草；（5）数据库管理系统；（6）

---

① Harry Surden, *Artificial Intelligence and Law：An Overview*, Georgia State University Law Review, Vol.35（2019）.

② D. Susskind, R. Susskind, *The Future of the Professions*, in Proceedings of the American Philosophical Society, Vol, 162, No. 2, p.125-138（2018）.

③ [荷兰] 阿尔诺·R.洛德，魏斌译：《对话法律——法律证成和论证的对话模型》，中国政法大学出版社 2016 年版，第 4 页。

专家系统；(7)知识系统。①法律与人工智能已然开始交融发展。

根据不同的技术路径，法律人工智能可分为广义的法律人工智能和狭义的法律人工智能。狭义的法律人工智能是指运用人工智能技术在法律职业领域和法律实践中研发的法律人工智能产品和服务，包括：面向法律服务提供者的工具，如法律文书自动生成、案件管理、合同审查软件；面向客户的法律自助工具，如在线法律咨询、智能合同平台；智能化法律分析工具，如通过人工智能进行法律预测、风险评估、证据筛选等工具。而广义的法律人工智能则包括在法律实践中利用人工智能技术的各类应用场景，例如运用ChatGPT、DeepSeek等生成式人工智能直接进行法律咨询、法律检索、法律文书起草、合同文本解析、类案检索、案件预测等。

（一）人工智能在律师事务所的商业应用

法律人工智能在法律研究和法律实践中的作用将发展到多大程度？一些学者认为，人工智能将深刻地改变法律领域和律师的工作。人工智能可能构成对法律实践和法律学术的

---

① 熊明辉：《法律信息学大要》，载《山东社会科学》2021年第9期。

重要贡献和彻底的转变,因为它可能提供新颖的、意想不到的见解,并显著提高法律研究的效率和有效性,以更少的资源,获得更多、更准确、更可靠的结果。除此之外,法律人工智能还可能会改善法律服务、创新商业模式、提供新知识,以及为政策和立法提供更坚实的技术基础。关于人工智能进入律师事务所,英国曼彻斯特大学法学院弗兰克·H.史蒂芬教授更进一步提出,对律师事务所的组织形式和所有权的限制,意味着它们无法获得组织和生产技术,而这些本来可以改进它们向其委托人提供的服务。再例如,美国Wise Legal Services、Rocket Lawyer、Legal Room 和 Legal Shield 都采用了基于法律科技的商业替代模式,为个人和中小型企业提供在线法律服务,包括公司注册、遗产计划、法律体检、法律文件自动化、实践管理、文件存储、计费、会计和电子检索。尽管法律科技在提供新服务方面的意义越来越大,但"客户仍然不高兴,律师也不高兴,只是觉得一定有更好的方法来采用法律科技"。这意味着,法律科技未来采用的路径仍然需要被清楚地揭开和设计。①

---

① Q. Hongdao, S. Bibi, A. Khan, L. Ardito & M. B. Khaskheli, *Legal Technologies in Action: The Future of the Legal Market in Light of Disruptive Innovations*, Sustainability, Vol. 11: 4(2019).

ChatGPT等人工智能应用可能威胁的10个行业岗位中就包括法律行业,理由是律师助理和法律助理等法律行业工作人员也是在进行大量的信息消化后,综合他们所学到的知识,然后通过撰写法律摘要或意见使内容易于理解。麦肯锡全球研究院合伙人Madgavkar称,像这种以语言为导向的角色很容易进行自动化处理。这些数据实际上相当结构化,且以语言为导向,因此非常适合生成式人工智能。但她也补充称,人工智能无法完全实现这些工作的自动化,因为仍然需要一定程度的人类判断来理解客户或雇主的需求。我们认为随着大语言模型等人工智能技术的不断进步,以法律咨询为主要特征的法律服务业将受益于人工智能。因为语言对话是人类最基本的交流方式,法律人工智能咨询必将替代以语言交互为主要特征的人工法律咨询,并将成为法律咨询服务的主要交互方式。此外,人工智能还可以帮助律师处理法律文书和案件分析。人工智能替代部分工作岗位已是大势所趋,ChatGPT的出现加快了这一进程,它真正让很多人,特别是以文本工作为主要内容的人,切身感受到被替代的威胁。[①]其结果是,如果律师事务所没有充分利用新技术为法律实务

---

① 李磊、钱育成:《ChatGPT可能替代谁的工作》,载《第一财经》2023年2月27日。

提供的潜能，则有可能失去自20世纪初以来在法律服务提供商市场上的主导地位。① 因此，人工智能技术在法律行业的应用是未来不可避免的挑战，亦是千载难逢的历史机遇。

律师和律师事务所为什么对法律人工智能技术表现出浓厚的学习兴趣及较高的接受度？波兰国际人工智能学会米哈尔·杰克夫斯基和米哈尔·阿拉斯基维奇教授调查了全球200多家代表近10万名法律职业人员的律师事务所，发布的《人工智能在法律业务中的应用项目报告》（2023）显示，律师事务所平均重复性工作占比为38.2%，尤其诉讼业务的重复性活动比例高达52%。这表明，通过法律人工智能自动化这些常规和重复性任务可以带来多项益处，如节省时间和资源、提高准确性和效率，并帮助律师释放出时间和精力去从事深入法律知识和战略思维要求的更高更复杂的任务成为可能。该报告中的统计分析显示，律师们普遍认为人工智能可以协助完成最常见的平凡而重复的法律任务，如法律研究（79.7%）、文件审查（72.1%）和合同起草（55.8%）。值得注意的是，合同起草、合同校对和合同分析各占55.8%、40.1%和41.1%，这表明智能合同是法律职业人员关注的重

---

① Salvatore Caserta、王进喜：《法律领域的数字化与大型律师事务所的未来》，载《北外法学》2021年第1期。

点。生成式人工智能将在未来三年内彻底改变法律行业,大约40%的法律任务将由人工智能来完成,使用人工智能的律师事务所能够创造数千亿美元的附加价值并成为市场的关键参与者,具有人工智能知识和利用人工智能开展工作的能力将成为律师在就业市场上最重要的资历之一。

综上,法律人工智能在欧美等发达国家已经得到了广泛使用和普及推广。而我国律师制度自1979年恢复以来,86.24%的律师事务所规模偏小,20人以下的小型律师事务所没有或刚开始信息化建设,还没有实现数字化管理;占比为12.47%的中型律师事务所基本完成信息化建设并开始尝试数字化管理;100人以上的大型律师事务所占比仅为1.29%,它们已经基本完成数字化管理并开始尝试智能化。[①] 同时,监管部门对法律科技的重视程度不高、从事法律科技研究的专家不多等因素制约了法律人工智能在律师事务所的研究、推广和应用,并导致我国法律人工智能的发展明显落后于欧美地区。但是,我国头部律师事务所和新锐的数字化律师事务所已经敏锐地觉察到法律人工智能对律师事务所和法律服务市场竞争格局的重要性和深远影响,并开始采取行

---

① 汪政:《律师事务所发展路径和模式浅析》,载《中国法治》2024年第4期。

动,例如:通过人工智能实现自动化数据录入,开发潜在客户,提供7×24小时的客户法律咨询服务,生成各类法律文本响应,改善客户个性化法律服务体验,培养客户关系,提高客户忠诚度和满意度,增强内部交流决策,降低律师事务所运营成本,提升服务质效和生产力,乃至诞生人工智能律师事务所,等等。随着人工智能在法律领域的推广应用和创新发展,低频高消费的法律服务市场将走向高频低消费的普惠型法律服务市场。人机交互将成为法律人日常工作的基本特征。① 中国律师行业四十五年以来的传统红利时代将一去不复返,而法律人工智能目前无法触达的多层次复杂法律业务和跨法域法律服务将成为未来律师进行专业技能展示和激烈角逐的市场。在法律人工智能等新质生产力推动下,律师行业专业化、精细化、高质量的法律服务时代将来临。

(二)法律人工智能应用产品

GPT-4等生成式人工智能在法律领域已经可以提供法律咨询、代书、合同审查、自动生成各类诉讼文书、起草法律意见、提供法律分析报告等过去只能由专业律师才能

---

① 郑戈:《人工智能与法律的未来再思考》,载《数字法治》2023年第3期。

完成的工作，而这些工作以前被视为法律业务和法律判断的重要组成部分。例如，美国成立了第一批使用人工智能（如Della、Kira、Legal Sifter和Luminance）或生成式人工智能（如Spellbook和Harvey）的法律科技公司，而其他法律科技公司主要将其应用于欧洲和亚洲（例如AnyLawyer）。生成式人工智能不同于大数据检索、文本解析等初级人工智能，它可以运用大模型克服人性弱点，协助人类作出理性和切合实际的决策。2023年2月，Allen&Overy（安理国际律师事务所，简称A&O）作为全球第七大律师事务所宣布，旗下3500多名律师将全部用上OpenAI投资的Harvey的AI产品，成为"全球第一家使用基于OpenAI GPT模型的生成AI的律师事务所"。① 据悉，Harvey是基于GPT-4和海量法律数据打造了专注法律领域的类ChatGPT助手的法律科技公司。Harvey是法律领域最具发展潜力的生成式AI企业之一，专为律师事务所定制打造LLMs（大语言模型），这些模型可以应对各种实践领域、司法管辖区和法律体系中最复杂的法律挑战。2023年9月16日，Sky News（天空新闻台）消

---

① Allen & Overy, *A&O announces exclusive launch partnership with Harvey*, A&O Shearman（Feb. 16, 2023），https：//www.allenovery.com/en-gb/global/news-and-insights/news/ao-announces-exclusive-launch-partnership-with-harvey.

息,英国知名上诉大法官科林·比尔斯勋爵,在英国律师协会最近举办的一次活动的演讲中表示,他正在使用ChatGPT总结一些法律的裁决书。比尔斯认为,这对法律将会起到颠覆性作用,极大提升律师、法官等人员的工作效率,并且他已经在工作中使用这些AI产品。[①]法律行业无疑正处于技术进化之中。随着时间的推移,不采用AI的律所就会处于竞争的劣势地位。传统上被认为保守的法律界正在积极接受技术解决方案,特别是在规模和效率方面具有更多潜力的大型律师事务所。此外,小型律师事务所也表现出极大的热情,这表明人工智能的潜在优势不只是大型律师事务所的专利。我们通过询问ChatGPT基于自然语言处理(NLP)和机器学习(ML)的国外法律人工智能公司,主要包括Open AI、IBM Watson、Luminance、ROSS intelligence、DoNotPay、Casetext、LegalMation等,得到国外具体法律人工智能应用如表1所示。

---

① B. Castro & J. Hyde, *Solicitor condemns judges for staying silent on 'woeful' reforms*, The Law Society(Sept.14,2023), https://www.lawgazette.co.uk/news/solicitor-condemns-judges-for-staying-silent-on-woeful-reforms/5117228.article.

表1　国外部分生成式人工智能在法律领域的应用情况[①]

序号	名称	网址	功能简介
1	Genie AI	www.genieai.co	法律文书、文本编辑、静动态文本编辑
2	LawGeex	www.lawgeex.com	智能助手、合同审查、合同修改意见
3	Icertis	www.icertis.com	智能合同管理助手
4	Aline	www.aline.co	基于AI的合同流程数字化转型
5	Harvey	www.harvey.ai	合同分析、尽职调查、诉讼和监管合规性
6	Evenup	www.evenuplaw.com	基于百万数据与AI驱动的律师工具
7	CoCounsel	casetext.com	快速法律研究和庭审准备、文档审查、自动化合同修订
8	DoNotPay	donotpay.com	法律咨询、整理流程、起诉
9	Paxton AI	www.paxton.ai	基于AI的合同审查及法律研究
10	AI Lawyer	ailawyer.pro	即时法律帮助、文档生成、文件审查、文档比较

关于国内法律人工智能应用。2022年12月8日最高人民法院发布的《关于规范和加强人工智能司法应用的意见》

[①] 本表所列网站最后访问日期为2025年3月1日。

（法发〔2022〕33号）提出：到2025年基本建成较为完备的司法人工智能技术应用体系；到2030年，建成具有规则引领和应用示范效应的司法人工智能技术应用和理论体系的总体目标。据不完全统计，目前国内已有超过200个大模型。截至目前，生成式人工智能在语言交互和文本处理领域的应用是最为成熟的，所有与语言交互和文本相关的业务也将成为法律人工智能最先实现大规模商业化改造的领域。因此，以大数据、算法、机器学习、神经网络为基础的大语言模型在未来势必直接冲击律师法律咨询业务，导致法律咨询业务市场份额被人工智能分割和替代。在法律专业垂直领域，法律作为文本绝对主导的一个领域，毫无疑问会成为法律人工智能接下来攻克的一个主要应用场景。事实上，在过去的十年里，中国已经出现了北大法宝、北京华宇信息技术有限公司、百事通信息技术有限公司、中科泰杭（浙江）计算机网络有限公司等法律科技公司。这些法律科技公司专注于智慧警务、智慧检务、智慧法院、智慧律所等法律人工智能项目。2025年1月，杭州深度求索人工智能基础技术研究有限公司开发的DeepSeek引爆全球，进一步催化了法律科技公司和法律职业人员对法律人工智能应用的极大关注和研发激情。目前，国内部分生成式人工智能在法律领域的应用，如

表2所示。

表2 国内部分生成式人工智能在法律领域的应用情况[①]

序号	名称	网址/平台	主要功能
1	法研开放平台	open.cjbdi.com	法律咨询、诉讼评估、法规检索
2	法能手	App、小程序	法律咨询、合同审查、文书代写、找律师等
3	熊猫AI法律数智平台	www.pandalawai.com	合同快写、合同智审、智能问答
4	AI法律助理一氏	小程序	专项法律服务咨询
5	幂律智能	www.milvzn.com	法律问答、文书撰写、合同管理、合同审查
6	麦伽智能法律大语言模型	www.megatechai.com	类案检索、合规内控、法律文书智能写作
7	律皓法管家	www.faguanjia.cn	法律咨询
8	得理	www.delilegal.com	法律检索、文书阅读、文本智能生成、AI法律研究、法律咨询
9	智小律	小程序	法律咨询

① 最后访问日期2025年3月1日。

续表

序号	名称	网址/平台	主要功能
10	元典问达	www.ailaw.cn	法律咨询、案例检索、法规检索
11	法宝GPT	ai.pkulaw.com	智能问答、模拟法庭、智能写作
12	海瑞智法	www.hairuilegal.com	法律检索、案情分析、法律文书、模拟演练
13	通义法睿	tongyi.aliyun.com/farui	智能对话、文书生成、法律检索、文本阅读、合同审查
14	讯飞星火法律大模型	xinghuolegal.com	法律问答咨询
15	法唠AI	chatlaw.cn	模拟判决生成、判决问答、股票求偿等
16	MeCheck	www.powerlaw.ai/mecheck	合同智能审查、自建审查清单、合同模板管理
17	MetaLaw	meta.law	基于AI的类案检索功能
18	iCourt（Alpha系统）	www.icourt.cc	智能咨询、检索报告、合同审查
19	智拾GPT	www.zhi10.com	起草合同、撰写文书、法律检索、法律翻译、案件分析
20	法观	fg.fengqiao.cn	法律咨询、文书撰写、合同审查

续表

序号	名称	网址/平台	主要功能
21	小包公	www.xiaobaogong.com	类案检索、法规检索、合同审查
22	法天使合同库	www.fatianshi.cn/legaloffice	AI搜合同, AI搜审查点
23	智AI	www.zhiexa.com	法律咨询
24	法智	www.fazhi.law	法律咨询、法律检索、合同审查
25	浪潮海若大模型	cloud.inspur.com	法条检索、案例分析、判决推理、法律知识问答等
26	YAYI雅意	yayi.wenge.com	法律文书阅读、合同阅读；法律智能体、智能问答等
27	中科泰杭THGPT	ai.thgpt.net	智能咨询、合同智审、专项助手、知识库、诉讼支持等

随着人工智能技术快速发展，我国自主研发大模型的普及，法律人工智能实现规模化、系统化、常态化的法律服务应用场景必然来临，垂直法律领域的专属法律大模型将成为法律人、企事业单位乃至普通家庭的日常必备应用。但是我们应当清醒地认识到法律人工智能的研发并非大型科技公司或大型律师事务所的专利，恰恰相反，法律人工智能的研发

大多数来源于初创型法律科技公司，同时也完全适用于中小型律师事务所。中国法律界和科技界应努力提升法律人工智能研究的广度和深度。我们的建议是中小律师事务所，包括县域律师事务所同样可以运用人工智能技术结合自己的专业能力和法律服务市场需求研发出自己的法律人工智能产品，并将法律人工智能产品通过API无缝集成到律师事务所数字化管理系统和应用平台等现有互联网基础设施中，辅助专业律师提高办案效率和提升法律服务能力，增强客户交流和满意度，拓展业务，降本增效提质。例如，可以打造人工智能法律咨询、社区AI法律顾问等应用场景，以降低专业律师人力成本投入、节约财政支出和社会资源、提升人民群众的法律服务满意度和获得感。再如，人力资本律师可借助人工智能打造HR专属领域的法律人工智能产品，为企业人力资源管理部门解决人员招聘、考核、换岗、解聘，以及复杂人力资源管理的法律服务需求，提高企业用工的合规性和管理效能。在合同管理领域，无论是个人还是企业或政府部门都需要专业的人工智能合同管理服务，包括合同起草、审核、校对及电子签署等。不同行业、不同规模企业对于合同智能审核的使用频率和专业性要求均不同，对于普通老百姓日常工作和生活中涉及的标准化合同，以及大量小微企业涉及的买卖合同、承揽加工合同、租赁合同、民间借贷合同及简易类股权投资、股权代持等协议完全可以使用法律人工智能的合同智审系统帮助它们完成标准化、精准的合同管理法律服务需求。而对于专业性要求较高、业务结构复杂的行业和项目管理则需要更高专业训练水准的通用人工智能才能实现智能合同审核能力。换言之，即便是人工审核也需要较高专业能力并经过长期训练的律师或法务人员才能胜任此项工作，而现在有了人工智能技术至少可以帮助此类专业人士减轻每天重复的琐碎工作，让他们能够腾出时间并专注于富有创造力且更复杂的问题，并期待他们能够创造出相当于他们甚至超越他们的法律人工智能产品，因为只有这样才能真正让律师把自己解放出来。未来，随着计算机视觉技术的发展和普及，人工智能将能够理解并响应法律文本和视觉信息，这将为物体和图像的自动识别带来新的机会。将人工智能语言模型（多语言模型）和视觉模型集成到律师事务所数字化服务管理系统将有望成为未来全球化法律服务的新模式、新场景和新应用。

当然，法律人工智能不仅仅涉及基于机器学习或法律推理的计算机模型，也涉及法律问题（如不同的司法管辖区和法系可能有不同的法律问题）、业务流程建模和管理、人工智能技术与其他信息技术或解决方案之间的集成和协调。同时,隐私保护、信息安全、知情同意、算法歧视和偏差、可解释性、法律职业独立性、保密性、利益相关性等法律科技伦理的考虑必须始终放在首位。伦理问题不仅涉及法律问题,更涉及公众和监管部门对法律人工智能的社会可接受性考量,需要我们更好地去理解和完善各项伦理治理机制,而这些思考将指向法律人工智能伦理问题。

第二部分　法律人工智能伦理

由于人工智能还处于发展的早期阶段，我们可以相对容易地调整事情的发展方向。然而，随着技术的进一步发展，这种调整可能会更具挑战性。2023年8月28日，谷歌、DARPA等联合发表了《识别并缓解生成式人工智能的安全风险》综述，归纳了生成式人工智能存在公平性受损、知识产权侵权、信息泄露、恶意使用、安全威胁、模型幻觉、环境/社会及管制、第三方风险等八个关键风险类别。除此之外，法律职业人员在从事法律职业活动时应遵循法律职业伦理，遵守法律职业行为规范和执业纪律。在法律职业领域研发和应用人工智能，会涉及最核心的法律人工智能伦理，包括独立性原则、称职性原则、保密性原则和委托人利益最大化原则。具体分述如下：

独立性原则： 法律职业之所以受人尊重，不仅是因为其兼具利己和利他的职业属性，更重要的是它具有维护社会公共利益和公平正义的社会职责。因此，法律人在使用人工智能工具时应当保持职业的独立性,即法律人不能仅依赖人工智能对承办的法律事务作出实质性判断,并据此采取法律行动。一旦法律人丧失独立性这一职业原则,则意味着法律职业将失去它存在的社会基础,以及平衡公平正义的社会价值。

称职性原则:法律职业通过建立准入、考核、惩戒等机制,来维护法律职业行为规范并确立最高行为准则,这不仅关乎法律人的自身利益,更涉及法律职业共同体的群体利益。称职性原则要求法律人不仅在法律实践中行为适当,还应在使用人工智能等技术工具进行职业行为时,保持审慎、规范,且不得损害法律职业行为的合法性和正当性,同时应具备相应的技术胜任能力。如果法律人不具备一定的技术能力,在从事法律职业时滥用或盲目遵从人工智能提供的意见和建议,则既不符合法律职业的技术要求,也违背了法律职业行为的称职性原则。

保密性原则:法律职业行为规范要求律师等法律人对在职业行为过程中知悉的委托人隐私、商业秘密、国家秘密承担保密义务,且该义务受到法律职业特免权的保护。因此,法律人在使用人工智能工具时,对委托人的个人信息、案件信息、商业信息,以及国家安全信息等各类信息,都承担着保密义务。在使用人工智能技术进行文书起草、合同审核等法律事务时，应当对相关数据进行脱敏处理，以防止信息泄露，避免违反保密义务规定。

委托人利益最大化原则：法律职业的三个维护职能要求律师必须维护委托人的合法权益，并最大限度地保障当事人的正当利益。如果该利益与社会公共利益冲突，或与法律人自身利益冲突，那么在此种情形下，法律人应当申请回避，这些都是委托人利益最大化的具体要求。法律人使用人工智能技术的目的应当是维护委托人的合法权益，并使委托人的利益最大化，如果使用人工智能可能导致委托人利益受损或存在风险，法律人应当停止使用该技术工具。此外，当法律人使用技术工具为委托人提供服务并收取报酬时，应当向委托人明确说明其提供的法律服务成果中使用了人工智能技术，并愿意对此承担全部责任，这样才符合委托人利益最大化原则的职业要求。

同时，法律领域引入高度复杂的人工智能技术时还存在幻觉、偏差、算法黑箱等局限性。人工智能越能自主生成和自我学习，这些技术的创造者的角色和责任就越会发生改变，而规范这些新行为的必要性会变得更加明显。因为，即使人工智能技术只用于服务于人类，也可能存在相互竞争的利益。例如，人工智能技术越来越多地被法庭上的诉讼当事人使用，因为他们可以预测一个积极的结果，确定最好的谈判策略、诉讼策略或解决争议方案。然而，如果不是所有诉讼当事人与参与人都能在诉讼中获得相同的技术，这可能会干扰诉讼过程中的平等原则。当讨论人工智能审判时，事情可能会变得更加复杂。一般而言，人工智能可以为可标准化的特定案件提供裁决。例如，在交通事故或信用卡领域的人工智能审判设定目标相对容易，并可以确定如何使用人工智能才能有助于实现这些目标。而在复杂诉讼的人工智能审判情形下，如诉讼双方都确定了目标（人工智能需要判断什么是公平的裁决？）以及一个目标所达到的程度（人工智能裁决在多大程度上是公平的？）可能是极其复杂的——即使在当前没有使用人工智能的审判实践中也往往没有结论性的答案。因此，人工智能在法律领域的应用存在以下五大局限性，即幻觉和虚构、算法歧视和偏差、可信性、可解释性和缺乏人文敏感性。再例如，ChatGPT 的"幻觉和虚构"在法律行业发生的一个典型案例就是美国纽约州罗拉诉世达国际律师事务所案件。① 这位纽约律师用 ChatGPT 为法律案件准

---

① Lola v. Skadden, Arps, Slate, Meagher&Flom LLP, 620 F. App'x 37, 44 (2d Cir. 2015).

备文件，不幸的是由ChatGPT生成的文本包括了六个完全捏造的案例。因为这名被告律师以为ChatGPT是一个搜索工具，而不知道它是一个生成式的大语言模型并存在"幻觉"的局限性，该纽约律师为了检索案例而让自己成为"经典案例"。因此，我们需要考量在法庭上使用人工智能是否会妨碍公平审判的权利？法官的自由裁量权是否受到法律人工智能的影响？一审二审再审程序是否会受到法律人工智能的侵扰？当事人的上诉权利是否被人工智能实质性剥夺？公众对人工智能监控下的司法公正是否会产生质疑？这些都涉及法律人工智能在法律实践领域的伦理价值判断问题，即法律人工智能伦理问题。

如何促进、规范、保障人工智能安全、可信、可控地健康发展已然成为人工智能的时代命题。我们认为法律人工智能的伦理价值应当包括效率与公正、程序公正与实体公正、主观能动性与司法裁判公正、司法公开与算法透明度、人文关怀与人本主义。人工智能在智能调解、计算机量刑、在线争议解决、庭审直播、督促程序等智能审判辅助方面均已进入司法实践领域，尤其在诉讼程序领域和智能审判辅助领域已经产生了准司法的功能。2022年12月8日最高人民法院发布的《关于规范和加强人工智能司法应用的意见》明确规定人工智能辅助审判原则,并强调无论技术发展到何种水平,人工智能都不得代替法官裁判,从而确保裁判职权始终由审判组织行使而非人工智能决策。未来,人工智能将法律代码化,即代码之治。在这一阶段代码开始发挥、承担法律的功能,代码不仅被用来执行法律规则,而且被用来制定和阐明法律规则。① 因此,法律人工智能伦理价值的实现路径有三:一是律师和法官们应该更多地参加关于如何使用人工智能工具以及如何识别和减轻偏见的培训,并合理正当地使用法律人工智能;二是律师、法官、技术专家和政策制定者之间应该保持沟通交流,以更好地制定法律职业伦理规则、技术标准和法律人工智能使用指引;三是对普通民众也应普及人工智能的潜在益处和风险的教育,以便他们正当使用法律人工智能以获得更普惠便捷且个性化的法律人工智能服务。另一个值得深思的伦理问题是,随着法律人工智能的发展,人与人、人机交互之间如何建立信任关系?信任的基础就在于公平公正,这将进一步引发人们对公平正义的哲学反思,官僚主义和功利主义等貌似公平公正,实则玩弄权术的游戏就会失去社会基础。未来社会组织形态将进入以法治为基础、以

---

① 赵蕾、曹建峰:《法律科技:法律与科技的深度融合与相互成就》,载《大数据时代》2020年第5期。

社会资源共建共享为主要特征的人本主义法治社会。法律人工智能能否推动或实现民主法治社会建设，人工智能能否促进人类命运共同体理想的实现，又将是一个重要的研究课题。

综上，关于法律人工智能引发的伦理问题已经迫在眉睫，但囿于我国法律职业伦理学科本身起步较晚，对法律科技与法律职业伦理的研究更是应者寥寥。我们提出法律人工智能伦理的目的是促进理解、最大化效用、最小化伤害。希望借本文的出版发行促进法律界和科技界的相互理解，最大化地推动法律科技的发展与服务人类福祉，最小化地因各种缘由造成社会危害和产生负面效应。因为伦理是指引科技"向善"的必由之路，法律人工智能伦理将有利于推动法律职业现代化，有利于普惠型法律服务市场的形成，有利于促进法治社会建设和维护社会公平正义。

第三部分　法律人工智能未来展望

过去未去，未来已来。谷歌DeepMind公司首席执行官戴密斯·哈萨比斯认为，将人工智能视为普通技术是错误的，人工智能将具有"划时代的意义"。他认为，现在甚至不应该说是大语言模型，因为它们不仅仅是大语言模型，它们也是多模态的，包括视觉、音频、视频、代码以及文本等。但目前仍然需要专门的系统在特定领域做到最高水平，因为通用系统和学习系统还不够好，必须回到逻辑网络和专家系统。而建立在这些学习系统上的新一代助手将更加强大，个性化和所有这些东西都将在下一代助手产品中出现，即通用助手。在法律人工智能领域，未来它就是你的个人律师助手，你可以把它随身携带在不同的设备上，无论是通过手机或穿戴设备都可以随时随地和你讨论法律问题，为你提供法律咨询意见，以及在你的电脑桌面帮助你完成法律事务工作，或者是在法庭上协助你进行诉讼。因为我国的民事法庭中并没有规定当事人一定要聘请律师作为其代理人进行法庭陈辩，诉讼主体可以根据自己的意志选择聘请或者不聘请律师代其进行诉讼。①

综上，基于生成式人工智能、通用人工智能、具身智能及人机交互的技术特征，我们对法律人工智能的未来发展作出以下三点预测：一是信息化、数字化的法律科技工具将被法律人工智能补强或替代；二是具身智能法律机器人将出现；三是人工智能法治时代终将来临。首先，关于信息化、数字化的法律科技工具主要包括可以提供法律法规检索、合同模板检索、法律文本检索和类案检索的传统法律检索工具，以满足法律职业人员和社会公众对法律订阅服务的基本需求。随着人工智能技术的发展，具备机器学习和法律推理能力的法律人工智能将为公众直接提供法律咨询服务、生成各类合同和法律文本并附带提供相关法律与案例，并借鉴学术界严谨的引用方式力求在准确性和可信度上获得用户信赖、市场认可和保护知识产权，由此成为法律检索工具或法律订阅服务的替代产品。其次，关于具身智能法律机器人，其本质是法律人工智能和具身智能结合的产物。作为人工智能的重要发展方向，具身智能是心理学、人机交互、新材

---

① 徐静怡：《律师制度存在的正义性问题探究》，载《法制博览》2023年第4期。

料、人工智能等多个领域前沿技术的集成系统。当未来通用人工智能技术能够满足人类社会的普遍价值观时，法律人工智能和具身智能结合的具身法律机器人的诞生将成为必然事件。此时，具身法律机器人将拥有广泛的应用场景，具身人工智能律师可以替代人类律师为社会公众提供法律咨询、撰写合同、输出法律起诉状等各类法律服务，也可以在公司法务部门从事重复性和烦琐的法务工作，在律师事务所担任律师助手，帮助律师处理大量基础性、重复性的文书（电子文书）工作。智能审判辅助和具身机器人的融合将诞生机器人法官，传统人类法官主持的审判法庭上未来可能是机器人法官在主持着司法审判和维护公平正义。最后，关于人工智能法治时代，我们要积极引导、规范和保障人工智能的健康发展，构建智能社会的法治秩序。① 人工智能法治社会正从柏拉图式的幻想逐渐变为现实社会。未来法律人工智能在立法、执法、司法、社会治理和公共法律服务等领域将得到广泛应用，智能法律咨询、智能调解等法律科技将发挥社会治理"治前端"的功能，智能审判辅助以解决"案多人少""立案难"等现实司法困境，让人民群众享有普惠的法

---

① 杨华主编：《人工智能法治应用》，上海人民出版社2021年版，序。

律服务，满足人民群众对司法公正和社会公平正义的需求。传统事后惩戒型法治社会亦将向事前预防型法治社会转型发展。

最后，笔者想说明的是本后记旨在抛砖引玉，期待更多的同道中人参与法律人工智能应用和伦理的讨论并提出批评意见，以助力法律行业高质量可持续发展，推动中国式社会治理现代化的建设和发展。

汪 政

于北京上书房

2024年11月